AUSTRILIA SENIOR SCHOOL MATHEMATICAL COMPETITION QUESTIONS AND ANSWERS, MIDDLE VOLUME, 1978—1984

澳大利亚中学

数学竞赛试题及解答

中级卷　　1978—1984

● 刘培杰数学工作室 编

哈尔滨工业大学出版社
HARBIN INSTITUTE OF TECHNOLOGY PRESS

内 容 简 介

本书收录了1978年至1984年澳大利亚中学数学竞赛中级卷的全部试题,并且给出了详细解答,其中有些题目给出了多种解法,以便读者加深对问题的理解并拓宽思路.

本书适合中学生、教师及数学爱好者参考阅读.

图书在版编目(CIP)数据

澳大利亚中学数学竞赛试题及解答.中级卷.1978—1984/刘培杰数学工作室编. — 哈尔滨:哈尔滨工业大学出版社,2019.3

ISBN 978-7-5603-7965-4

Ⅰ.①澳… Ⅱ.①刘… Ⅲ.①中学数学课-题解 Ⅳ.①G634.605

中国版本图书馆 CIP 数据核字(2019)第 015131 号

策划编辑	刘培杰 张永芹	
责任编辑	张永芹 邵长玲	
封面设计	孙茵艾	
出版发行	哈尔滨工业大学出版社	
社　　址	哈尔滨市南岗区复华四道街10号 邮编150006	
传　　真	0451-86414749	
网　　址	http://hitpress.hit.edu.cn	
印　　刷	哈尔滨市石桥印务有限公司	
开　　本	787mm×960mm 1/16 印张9.5 字数97千字	
版　　次	2019年3月第1版 2019年3月第1次印刷	
书　　号	ISBN 978-7-5603-7965-4	
定　　价	28.00元	

(如因印装质量问题影响阅读,我社负责调换)

目录

第 1 章　1978 年试题　//1

第 2 章　1979 年试题　//15

第 3 章　1980 年试题　//31

第 4 章　1981 年试题　//46

第 5 章　1982 年试题　//65

第 6 章　1983 年试题　//84

第 7 章　1984 年试题　//102

编辑手记　//119

第1章 1978年试题

1. 如果 $a = 2$, 且 $b = -3$, 则 $\dfrac{a - 2b}{a + b}$ 等于( ).

A. 8 B. -6 C. -8

D. $-\dfrac{1}{8}$ E. $\dfrac{1}{6}$

解 $\dfrac{a - 2b}{a + b} = \dfrac{2 - 2 \times (-3)}{2 + (-3)} = -8.$ (C)

2. 如图1, 一条船从点 A 出发向东南方向航行 10 km, 然后向东北方向航行 24 km 到点 C, 则点 C 到点 A 的距离是( ).

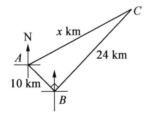

图1

A. 34 km B. 17 km C. 25 km

D. 26 km E. 30 km

解 由毕达哥拉斯定理
$$x^2 = 10^2 + 24^2 = 676$$
即 $x = 26.$ (D)

1

澳大利亚中学数学竞赛试题及解答(中级卷)1978—1984

3. 具有方程 $y = 3x - 6$ 的直线通过点 $(a, 2)$。a 的值是( )。

A. 2　　　　B. 0　　　　C. $\dfrac{8}{3}$

D. $\dfrac{3}{8}$　　　E. $-2\dfrac{2}{3}$

解 将 $(a, 2)$ 代入 $y = 3x - 6$ 中给出 $2 = 3a - 6$，$8 = 3a$，即 $a = \dfrac{8}{3}$。　　　　　　　　　　(C)

4. 如果把一个正方形的每条边增加 50%，则其面积增加了( )。

A. 100%　　　B. 150%　　　C. 225%

D. 125%　　　E. 以上皆非

解 设第一个正方形的边长为 $2l$，则第二个正方形的边长为 $3l$。那么面积增加 $(3l)^2 - (2l)^2 = 5l^2$。所以

$$\text{增加的百分数} = \dfrac{\text{面积的增加}}{\text{原面积}} \times 100\% = \dfrac{5l^2}{4l^2} \times 100\% = 125\%$$

(D)

5. 60° 三角板的最短边长度是 12 cm。最长边长度是( )。

A. $6\sqrt{3}$ cm　　B. $12\sqrt{3}$ cm　　C. 18 cm

D. $12\sqrt{2}$ cm　　E. 24 cm

解 如图 2 所示，两块这样的三角板，放在一起拼成一个等边三角形。因此，最长边有长度 $2 \times 12 = 24$（cm）。　　　　　　　　　　　(E)

第1章 1978年试题

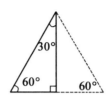

图2

6. 方程 $x^2 - 9x - 36 = 0$ 的根是( ).

A. $-3, 12$　　B. $3, -12$　　C. $-3, -12$

D. $0, -4$　　E. $-9, 4$

解法1　两根之和为 9,而积为 -36.　　(A)

解法2　由于 $x^2 - 9x - 36 = 0$,我们有 $(x-12) \cdot (x+3) = 0$,即 $x = 12$ 或 $x = -3$.

7. $2x - y + 1 = 0$ 的图像与 $y = x^2$ 的图像相交于两点 A 和点 B. A 和 B 的 x 坐标是以下哪个方程的解？( ).

A. $x^2 + 2x + 1 = 0$　　B. $x^2 - 2x - 1 = 0$

C. $2x + 1 = 0$　　D. $x^2 = 0$

E. 以上皆非

解　将 $y = x^2$ 代入 $2x - y + 1 = 0$ 中给出 $2x - x^2 + 1 = 0$. 所以 $x^2 - 2x - 1 = 0$.　　(B)

8. 如果运算 $*$ 由 $a * b = \dfrac{1}{ab}$ 定义,则 $a * (b * c)$ 等于( ).

A. $\dfrac{1}{abc}$　　B. $\dfrac{a}{bc}$　　C. $\dfrac{bc}{a}$

D. $\dfrac{ab}{c}$　　E. 以上皆非

解 $a*(b*c) = a*\left(\dfrac{1}{bc}\right) = \dfrac{bc}{a}.$　　　(C)

9. 如图 3, 如果 $(4,2)$ 是联结 $(x,4)$ 和 $(3,y)$ 的线段的中点, 则 $x+y$ 等于(　　).

A. 5　　　　B. 6　　　　C. 7

D. -7　　　E. 0

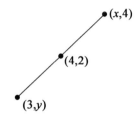

图 3

解 $\dfrac{3+x}{2} = 4 \Rightarrow x = 5$ 且 $\dfrac{y+4}{2} = 2 \Rightarrow y = 0.$ 因此, $x + y = 5.$　　　(A)

10. 如果 $\dfrac{a+3b}{a-b} = 3$, 则 $\dfrac{a}{b}$ 等于(　　).

A. 1　　　　B. 2　　　　C. 3

D. 4　　　　E. 5

解 $\dfrac{a+3b}{a-b} = 3$ 推出 $a + 3b = 3a - 3b$, 即 $6b = 2a$ 或 $3 = \dfrac{a}{b}.$　　　(C)

11. 如果在图 4 中该图像代表一条三次曲线, 则该图像的方程是(　　).

A. $y = (x+1)^2(x-2)$

B. $y = (x+1)^2(2-x)$

C. $y = (1-x)^2(2-x)$

D. $y = -(x-1)^2(x+2)$

E. $y = (x-1)^2(x+2)$

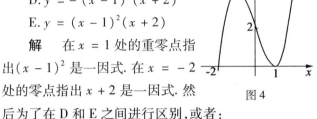

图 4

解 在 $x=1$ 处的重零点指出 $(x-1)^2$ 是一因式. 在 $x=-2$ 处的零点指出 $x+2$ 是一因式. 然后为了在 D 和 E 之间进行区别, 或者:

（ⅰ）注意从该图像的整个形状看 x^3 的系数是正的.

（ⅱ）以 $x=0$ 代入, 要求 $y=2$. (E)

12. 单摆的周期为 T、长度为 l 和重力加速度为 g 的方程是

$$T = 2\pi\sqrt{\frac{l}{g}}$$

由此方程, g 等于( ).

A. $2\pi\sqrt{\frac{l}{T}}$　　B. $\frac{2\pi l}{T}$　　C. $\frac{4\pi^2}{T}$

D. $\frac{4\pi^2 l}{T^2}$　　E. $\frac{2\pi l^2}{T^2}$

解 由 $T = 2\pi\sqrt{\frac{l}{g}}$, 推出 $T^2 = \frac{4\pi^2 l}{g}$, 即 $g = \frac{4\pi^2 l}{T^2}$. (D)

13. 如果 $|x-1| = 2x$, 则 x 必等于( ).

A. 只有 -1　　B. 只有 1　　C. 只有 3

D. -1 或 $\frac{1}{3}$　　E. 只有 $\frac{1}{3}$

解法 1 $|x-1| = 2x \Rightarrow 2x \geq 0 \Rightarrow x \geq 0$. 这排除选

项 A 和 D,选项 B 和 C 可用代入法排除.　　　　(E)

解法 2 $|x-1|=2x \Rightarrow x-1=2x$ 或 $-(x-1)=2x$,即 $x=-1$ 或 $x=\dfrac{1}{3}$.但我们需要 $x\geqslant 0$(如解法 1),所以 $x=\dfrac{1}{3}$.

14. 三个直径为 1 m 的管子被拉紧的金属带捆在一起,如图 5 所示.金属带的长度是(　　).

A. $(3+\pi)$ m　　B. 3 m　　C. $\left(3+\dfrac{\pi}{2}\right)$ m

D. $\left(\dfrac{3+\pi}{2}\right)$ m　　E. $(6+\pi)$ m

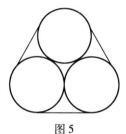

图 5

解法 1　与圆管贴合的三段金属线一起组成直径为 1 m 的一个圆的圆周,因此,线长度为 π m. 金属线的三段直的部分显然每段长度为 1 m. 所以线长是 $(3+\pi)$ m.　　　　　　　　　　　　(A)

解法 2　如图 6 所示,做一等边三角形.考虑四边形 $OACB$ 的内角:$\alpha°+90°+60°+90°=360°$,所以 $\alpha°=120°$.因此金属线的部分 AB,是一个圆的周长的 $\dfrac{120°}{360°}=\dfrac{1}{3}$,金属线的总长度可如上面那样求得.

第1章　1978年试题

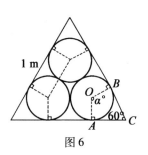

图6

15. 在图7中,ABX和ACY是两条直线. ∠XBC的角平分线与∠BCY的角平分线相交于Z. 如果∠BZC是80°,则∠BAC的度数是(　　).

A. 10°　　　　B. 20°　　　　C. 80°

D. 100°　　　E. 以上皆非

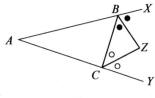

图7

解　如图8,在△ABC中,$\theta + (180 - 2\alpha) + (180 - 2\beta) = 180$,故$\theta = 2(\alpha + \beta) - 180$. 由△BCZ,$\alpha + \beta + 80 = 180$,所以$\alpha + \beta = 100$. 因此$\theta = 2 \times 100 - 180 = 20$.

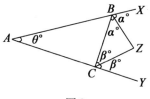

图8　　　　　　　　(B)

7

16. 不等式 $\dfrac{2x^2-3x+4}{x^2+2} > 1$ 的解是(　　).

A. $x < 1$ 或 $x > 2$　　B. $x < -2$ 或 $x > -1$

C. $1 < x < 2$　　D. $-2 < x < -1$

E. 以上皆非

解　因为 $\dfrac{2x^2-3x+4}{x^2+2} > 1$，所以 $2x^2-3x+4 > x^2+2$（因对所有实数 x，$x^2+2 > 0$）. 因此 $x^2-3x+2 > 0$，即 $(x-2)(x-1) > 0$，即 $x < 1$ 或 $x > 2$.

(A)

17. 如果 $f(n) = (n-1)f(n-1)(n>1)$，且 $f(1)=1$，则 $f(4)$ 等于(　　).

A. 1　　B. $\dfrac{1}{6}$　　C. $\dfrac{1}{24}$

D. 24　　E. 6

(E)

18. 如果 $\sqrt{3}-1$ 是方程 $ax^2-5x+1=0$ 的一个根，则 a 等于(　　).

A. $10\sqrt{3}-6$　　B. $\sqrt{3}-9$　　C. $9-\sqrt{3}$

D. $2\sqrt{3}+\dfrac{3}{2}$　　E. 以上皆非

解　将 $x=\sqrt{3}-1$ 代入 $ax^2-5x+1=0$，$a(\sqrt{3}-1)^2 - 5(\sqrt{3}-1)+1=0$，即 $a(3-2\sqrt{3}+1)-5\sqrt{3}+6=0$.

这给出

$$a = \dfrac{5\sqrt{3}-6}{4-2\sqrt{3}} = \dfrac{5\sqrt{3}-6)}{2(2-\sqrt{3})} \times \dfrac{2+\sqrt{3}}{2+\sqrt{3}}$$

$$= \frac{10\sqrt{3} + 15 - 12 - 6\sqrt{3}}{2(4-3)} = \frac{4\sqrt{3} + 3}{2}$$

$$= 2\sqrt{3} + \frac{3}{2} \qquad\qquad (D)$$

19. 在每一季度中的生活费用上升2%. 这相当于年通货膨胀百分数是多少?(确定最近似的正确答案)( ).

  A.2%   B.8%   C.8.1%

  D.8.2% E.8.3%

解 每一季度生活费用上升系数为 $1 + \frac{2}{100} = 1.02$. 所以一年中增加的百分点是 $(1.02^4 - 1) \times 100 = (1.08243216 - 1) \times 100\% \approx 8.2\%$.

$$(D)$$

注 1.02^4 可用长乘法得出,也可用二项式展开
$$(1 + 0.02)^4 = 1 + 4 \times 0.02 + 6 \times 0.004 +$$
$$\qquad\qquad 4 \times 0.000008 + 0.02^4$$
$$= 1 + 0.08 + 0.0024 + \cdots$$
$$\approx 1.082$$

因为只需要精确到小数点后三位.

20. 如图9所示,一个长方形盒子,其中棱 OA, OB 和 OC 的长度分别为1单位,2单位和3单位. 按同样单位计算 OD 的长度是( ).

  A. $\sqrt{6}$ B. 6   C. $\sqrt{13}$

  D. $\sqrt{14}$ E. 14

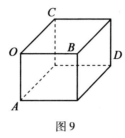

图9

解 如图10,由毕达哥拉斯定理

$$OD^2 = OA^2 + AD^2$$
$$= 1^2 + (2^2 + 3^2)$$
$$= 14$$

所以,$OD = \sqrt{14}$.

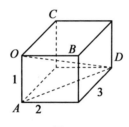

图10

(D)

21. 如果 n 是正整数,则

$$\left(1-\frac{1}{2}\right)\left(1-\frac{1}{3}\right)\left(1-\frac{1}{4}\right)\cdots\left(1-\frac{1}{n}\right)$$

等于( ).

A. $\dfrac{1}{n}$ B. $\dfrac{n-1}{n}$ C. n

D. $\dfrac{2}{n(n-1)}$ E. $\dfrac{2}{n}$

解
$$\left(1-\frac{1}{2}\right)\left(1-\frac{1}{3}\right)\left(1-\frac{1}{4}\right)\cdots\left(1-\frac{1}{n}\right)$$
$$=\frac{1}{2}\times\frac{2}{3}\times\frac{3}{4}\times\cdots\times\frac{n-1}{n}=\frac{1}{n}$$

(A)

22. 如果 $(a-b)^2+6ab=48$,则 ab 的最大值是( ).

A. 0 　　　B. 24 　　　C. 6

D. 8 　　　E. 无穷大

解 由于 $(a-b)^2 \geqslant 0, 6ab = 48 - (a-b)^2 \leqslant 48$,所以 $ab \leqslant 8$. 当 $a=b$ 时,$(a-b)^2=0, 6ab=48$,$ab=8$.

(D)

23. △ABC 的边长分别为 3 cm, 4 cm 和 5 cm. 如图 11 所示,一个圆内切于 △ABC. 该圆的面积是( ).

A. 1 cm² 　　　B. 2 cm² 　　　C. π cm²

D. $\frac{3\pi}{2}$ cm² 　　　E. 2π cm²

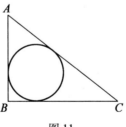

图 11

解 如图 12,(3,4,5) 是毕达哥拉斯三元组,故 $\angle B=90°$,设该圆的半径为 r cm.

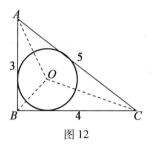

图 12

解法 1 △ABC 的面积 $= \frac{1}{2} \times 4 \times 3 = 6$（cm²）

△OAB 的面积 + △OBC 的面积 + △OCA 的面积

$= \frac{1}{2} \times 3 \times r + \frac{1}{2} \times 4 \times r + \frac{1}{2} \times 5 \times r$

$= 6r$ cm²

（因 r 是每个三角形的高），所以 $6r = 6$，即 $r = 1$ 且该圆面积是 πr^2 cm²，即 π cm².　　　　　　(C)

解法 2 如图 13 所示

$$r + y = 4 \quad\quad (1)$$
$$y + x = 5 \quad\quad (2)$$
$$r + x = 3 \quad\quad (3)$$

（1）+（3）给出 $2r + (y + x) = 7$，即 $2r + 5 = 7$ 或 $r = 1$ 且该圆面积如上.

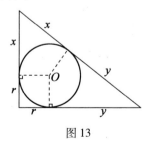

图 13

第 1 章　1978 年试题

24. 两条平行线与 x 轴相交截下长 3 cm 的线段,又与 y 轴相交截下长 4 cm 的线段.这两条线之间的垂直距离是(　　).

A. 5 cm　　B. $\dfrac{12}{5}$ cm　　C. $\dfrac{5}{12}$ cm

D. $\dfrac{4}{3}$ cm　　E. $\dfrac{3}{4}$ cm

(B)

25. 方程 $3x + 5y = 1\,008$ 的正整数解的个数是(　　).

A. 1　　B. 134　　C. 68

D. 67　　E. 无穷

解法 1　$3x + 5y = 1\,008$ 给出 $5y = 1\,008 - 3x = 3(336 - x)$ 或 $y = \dfrac{3(336-x)}{5}$. 如果 x 和 y 都是正整数,则只有 x 等于 $1, 6, 11, \cdots, 331$ 的值是合适的. 现在 $331 = 1 + 66 \times 5$,所以总共有 $66 + 1 = 67$ 个解.

(D)

解法 2　以下是解"丢番图方程"的一般方法,即求形式为 $ax + by = c$,其中 a, b, c 是整数方程的所有整数解.

$3x + 5y = 1$ 的一个解是 $x = -3$ 和 $y = 2$. 其一般解是 $x_t = -3 + 5t, y_t = 2 - 3t, t$ 是整数,由于

$$3x_t + 5y_t = 3(-3 + 5t) + 5(2 - 3t)$$

13

$$= -9 + 15t + 10 - 15t = 1$$

$3x + 5y = 1\,008$ 的一个解是 $x = 1\,008 \times (-3) = -3\,024$ 且 $y = 1\,008 \times 2 = 2\,016$,它具有一般解 $x_t = -3\,024 + 5t$ 和 $y_t = 2\,016 - 3t$,这里 t 是任意整数. $x_t > 0$ 蕴涵 $5t > 3\,024$,即 $t \geqslant 605$. $y_t > 0$ 蕴涵 $3t < 2\,016$,即 $t \leqslant 671$. 我们注意到 $671 - 605 = 66$,所以有 $66 + 1 = 67$ 个正整数解. 解的集合是

$$\{(5t - 3\,024, 2\,016 - 3t) \mid t \text{ 是整数且 } 605 \leqslant t \leqslant 671\}$$

第2章 1979年试题

1. 36.3 - 17.5 等于( ).

A. 18.8   B. 19.2   C. 19.8
D. 21.2   E. 18.2

解 36.3 - 17.5 = 18.8.   (A)

2. $2\frac{2}{3} - 1\frac{1}{2}$ 等于( ).

A. $1\frac{1}{3}$ B. $1\frac{1}{6}$ C. $2\frac{1}{6}$

D. $\frac{5}{6}$ E. $\frac{3}{5}$

解 $2\frac{2}{3} - 1\frac{1}{2} = 2\frac{4}{6} - 1\frac{3}{6} = 1\frac{1}{6}$. (B)

3. $(0.4)^2 - (0.1)^2$ 等于( ).

A. 0.09   B. 1.5   C. 0.15
D. 0.6   E. 0.06

解 $(0.4)^2 - (0.1)^2 = 0.15$.   (C)

4. $15x - 10y - 8x + 13y$ 等于( ).

A. $5x + 5y$ B. $7x + 3y$ C. $7x - 3y$
D. $28x - 18y$ E. $7x - 23y$

解 $15x - 10y - 8x + 13y = 7x + 3y$. (B)

5. 以下的数中哪一个最接近于 $\frac{2.7 \times 32}{14.7}$ 的值

15

( ).

  A. 60 B. 6 C. 90

  D. 3 E. 0.6

解 $\dfrac{2.7 \times 32}{14.7} \approx \dfrac{3 \times 30}{15} = 6.$ (B)

6. 方程 $2x + 5 = 5x - 11$ 的解是( ).

  A. $2\dfrac{1}{3}$ B. $5\dfrac{1}{3}$ C. $2\dfrac{2}{7}$

  D. $-5\dfrac{1}{3}$ E. -2

解 $2x + 5 = 5x - 11$,即 $16 = 3x$,即 $x = 5\dfrac{1}{3}.$

  (B)

7. 如果 $p = \dfrac{1}{3}, q = \dfrac{10}{3}$ 且 $r = \dfrac{3}{10}$,则下列各式哪一个是正确的?( ).

  A. $p > q$ 且 $q > r$ B. $q > r$ 且 $r > p$

  C. $q > p$ 且 $p > r$ D. $r > p$ 且 $p > q$

  E. $p > r$ 且 $r > q$

解 $p = \dfrac{1}{3} = \dfrac{10}{30}, q = \dfrac{10}{3} = \dfrac{100}{30}, r = \dfrac{3}{10} = \dfrac{9}{30}.$ 所以 $q > p$ 且 $p > r.$ (C)

8. 如图1,直线 AB 的方程是( ).

  A. $y = -x - 3$ B. $3x + 2y - 6 = 0$

  C. $y = -x + 3$ D. $2y - 3x + 6 = 0$

  E. $2x - 3y - 9 = 0$

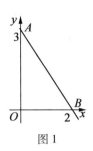

图 1

解 由于 AB 的斜率是 $-\dfrac{3}{2}$, 且 y 的截距是 3, AB 的方程是 $y = -\dfrac{3}{2}x + 3$, 即 $2y = -3x + 6$, 因此 $3x + 2y - 6 = 0$. (B)

9. 在图 2 中, AB, CD 和 EF 是直线. $a+b-c$ 的值是( ).

    A. 120   B. 150   C. 180

    D. 210   E. 以上皆非

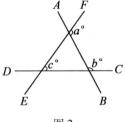

图 2

解 注意三角形的内角是 $180° - a°$, $180° - b°$ 和 $c°$, 我们有

$$180 - a + 180 - b + c = 180$$

即 $180 = a + b - c$. (C)

10. 一个立方体的边长为 4 cm. 把这个立方体的

表面全部漆成红色且分割成64个边长为1 cm的小立方体. 恰好有一面漆成红色的小立方体有多少个? (   ).

A. 16 B. 64 C. 36
D. 6   E. 24

解 如图3,在原立方体的每个面上恰有四个1 cm的立方体只有一面漆成红色. 由于原立方体有六个面,有 $4 \times 6 = 24$ 个所求立方体.

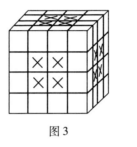

图3 (E)

11. 杰克(Jack)以匀速攀登豆茎山(beanstalk). 在2点钟时他已走了上山全程的 $\frac{1}{6}$, 而在6点钟时已走了全程的 $\frac{3}{4}$. 在3点钟时他已攀登的部分是(   ).

A. $\frac{11}{12}$ B. $\frac{7}{12}$ C. $\frac{11}{24}$

D. $\frac{1}{8}$ E. $\frac{2}{5}$

由于杰克以匀速攀登,他在3点钟是处于两给定位置之间的半路.

解法1 在3点钟已攀登的部分等于

18

(在2点钟的部分) + $\frac{1}{2}$(两位置间的距离)

$= \frac{1}{6} + \frac{1}{2}\left(\frac{3}{4} - \frac{1}{6}\right) = \frac{1}{6} + \frac{1}{2} \times \frac{7}{12} = \frac{11}{24}$

(C)

解法 2 求两个数的中点的方便方法是求其平均. 这给出在3点钟时所攀登的部分为

$$\frac{\left(\frac{3}{4} + \frac{1}{6}\right)}{2} = \frac{1}{2} \times \frac{22}{24} = \frac{11}{24}$$

12. 如果 $|x| = |y|$ 且 $x < 0$ 和 $y > 0$,则以下陈述中哪一个是错的?(   ).

A. $x^2 y > 0$ B. $x + y = 0$ C. $xy < 0$

D. $\frac{1}{x} - \frac{1}{y} = 0$ E. $\frac{x}{y} + 1 = 0$

解 $|x| = |y|$ 且 $x < 0 < y$,因此 $x = -y$. 检验给定陈述的正确性:

A $x^2 = y^2 \Rightarrow x^2 y > 0$ 真

B $x = -y \Rightarrow x + y = 0$ 真

C $xy = -y^2 \Rightarrow xy < 0$ 真

D $\frac{1}{x} - \frac{1}{y} = -\frac{1}{y} - \frac{1}{y} = -\frac{1}{2y} \Rightarrow \frac{1}{x} - \frac{1}{y} \neq 0$

E $\frac{x}{y} + 1 = \frac{-y}{y} + 1 \Rightarrow \frac{x}{y} + 1 = 0$, 真

(D)

13. 在一天中某些时刻,一座钟的两针指向同一方向(例如中午). 这种情况在星期二上午3时与第二天上午3时之间发生的次数是(   ).

A. 24　　　　B. 12　　　　　C. 2
D. 23　　　　E. 22

解法1　在 t h,钟的分针转了 $360°t$ 而同时时针转 $30°t$.如果 T h 是两针一个重合位置与下一个重合位置之间的时间,则在这间隔内分针精确地比时针多转一圈,即 $360°$.所以 $360T - 30T = 360$,或 $330T = 360$,给出 $T = \dfrac{12}{11}$.在 24 h 内这样的间隔数是 $24 \div \dfrac{12}{11} = 22$.

(E)

解法2　两针在每小时期间越过一次(即下午 3 时至 4 时,4 时至 5 时,等等),除了上午 11 时至下午 1 时两小时时间内它们仅在 12 时位置越过一次.所以在 12 h 内两针越过 11 次,或在 24 h 内越过 22 次.

14.为了酿造洋李酒,要将糖加到洋李汁中直到其体积增加 10%.洋李汁装在一个底半径为 12 cm,高为 16.5 cm 的圆柱形容器中.洋李汁的高度需要多高才能使加糖后容器刚好装满?(　　).

A. 12 cm　　　B. 13 cm　　　　C. 14 cm
D. 15 cm　　　E. 16 cm

解法1　设 h cm 是要求的汁液的高度,而且汁的体积加原体积的 10% 等于容器的体积,所以

$$\pi \cdot 12^2 \cdot h + \dfrac{1}{10}\pi \cdot 12^2 \cdot h = \pi \cdot 12^2 \cdot 16.5$$

$$h + \dfrac{1}{10}h = 16.5$$

$$11h = 165$$

第 2 章　1979 年试题

$h = 15$（cm）　　　　　　（ D ）

解法 2　注意圆柱体积与其高度成正比,我们马上得到方程 $h + \dfrac{1}{10}h = 16.5$,它如上面那样被解出.

15. $x^2 + 4x + 1$ 的最小值是（　　）.

A. 3　　　　B. 1　　　　C. 0

D. -2　　　E. -3

解　$x^2 + 4x + 1 = (x^2 + 4x + 4) - 3 = (x + 2)^2 - 3 \geqslant -3$,当 $x = -2$ 时等式成立.　　（ E ）

16. 数 $(7^5)^3$ 的最后一位数字是什么?（　　）.

A. 1　　　　B. 3　　　　C. 5

D. 7　　　　E. 9

解　我们需要注意到积的最后一位数字等于被乘数的最后一位数之积的最后一位数. 这样如果我们只要集中注意最后一位数,我们有 $7^2 = (\cdots 9)$,$7^3 = (\cdots 3)$,$7^4 = (\cdots 1)$,则 $(7^5)^3 = 7^{15} = (7^4)^3 \times 7^3 = (\cdots 1)^3 \times (\cdots 3) = (\cdots 3)$.　　（ B ）

17. 一个矩形水池的长度比宽度长 50%,它被一条宽 1 m 的路所围绕. 如果路的面积是 44 m²,则此水池的面积在以下哪一范围内（　　）.

A. 小于 80 m²　　　　B. 80 m² 至 90 m²

C. 91 m² 至 100 m²　　D. 101 m² 至 120 m²

E. 121 m² 至 170 m²

解　设水池宽 $2x$ m 而长为 $3x$ m,则路的面积是 $[2 \times (3x + 2) \times 1] + [2 \times (2x) \times 1]$. 所以 $44 = 6x + 4 + 4x$,即 $40 = 10x$ 或 $x = 4$;因此水池的面积是 $12 \times$

21

$8 = 96 (m^2)$.　　　　　　　　　　　　　(C)

18. 在代数课上,学生建立关于数的一种新运算,称为"超乘法". 他们把它定义为 $a*b = \dfrac{1}{a} + \dfrac{1}{b} + ab$. 则 $\dfrac{1}{3} * 6$ 等于( ).

　　A. 2　　　　B. 18　　　　C. $5\dfrac{1}{6}$

　　D. $2\dfrac{1}{2}$　　　E. $8\dfrac{1}{3}$

解　$\dfrac{1}{3} * 6 = \dfrac{1}{\frac{1}{3}} + \dfrac{1}{6} + \dfrac{1}{3} \times 6 = 3 + \dfrac{1}{6} + 2 = 5\dfrac{1}{6}$.　　　　　　　　　　　　　(C)

19. 四边形 ABCD 和 PQRS 是边长为 10 cm 的两个正方形. 如图 4 所示,P 位于正方形 ABCD 的中心,BX = 4 cm. 四边形 PXCY 的面积是( ).

　　A. 21 cm²　　B. 25 cm²　　C. 30 cm²

　　D. 24 cm²　　E. 28 cm²

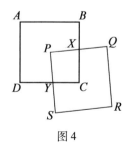

图 4

解法 1　如果正方形 PQRS 绕 P 顺时针方向旋转

使得 PQ 平行于 AB, 则两正方形的 $\frac{1}{4}$ 重叠. 每个正方形有面积 $100\ \text{cm}^2$, 所以正方形的 $\frac{1}{4}$ 面积为 $25\ \text{cm}^2$. 由于阴影区域是全等的(图5), 区域 $PXCY$ 的面积也是 $25\ \text{cm}^2$. (B)

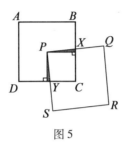

图 5

解法 2 四边形 $PQRS$ 可绕 P 逆时针方向旋转使得重叠区域是 $\triangle PBC$. $\triangle PBC$ 的面积 $= \left(\frac{1}{4} \times 100\right)\ \text{cm}^2 = 25\ \text{cm}^2$. 如同解法 1 中所做的一种全等形讨论证明 $\triangle PBC$ 的面积等于四边形 $PXCY$ 的面积.

解法 3 如图 6, 我们用寻求 $\triangle XYP$ 和 $\triangle XYC$ 的面积来找到所要求的四边形的面积: 由对称性 $CY = BX = 4\ \text{cm}$, 且 $CX = (10 - 4)\ \text{cm} = 6\ \text{cm}$. 所以, $\triangle XYC$ 的面积 $= \frac{1}{2} \times 4 \times 6 = 12\ (\text{cm}^2)$. 现

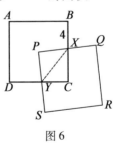

图 6

$XY^2 = CY^2 + CX^2 = 36 + 16 = 52(\text{cm}^2)$. 由对称性 $PY = PX$. 还有 $XY^2 = PX^2 + PY^2 = 2PX^2$, 所以 $PX^2 =$

$\frac{1}{2}\times52=26(\text{cm}^2)$. 所以 $\triangle XYP$ 的面积 $=\frac{1}{2}PX\times PY=\frac{1}{2}PX^2=\frac{1}{2}\times26=13(\text{cm}^2)$. 因此四边形 $PXCY$ 的面积 $=\triangle XYC$ 的面积 $+\triangle XYP$ 的面积 $=12+13=25(\text{cm}^2)$.

20. 封闭圆柱的表面积 A 由方程 $A=2\pi r(r+h)$ 给出,其中 r 是底半径,h 是高. 由此方程 h 等于( ).

A. $\dfrac{A}{2\pi r}$ B. $\dfrac{A-2\pi r^2}{2\pi r}$ C. $\dfrac{A}{2\pi r^2}$

D. $A-2\pi r^2$ E. $\dfrac{A}{2\pi r(r+h)}$

解 如果 $A=2\pi r(r+h)$,则 $r+h=\dfrac{A}{2\pi r}$,即 $h=\dfrac{A}{2\pi r}-r=\dfrac{A-2\pi r^2}{2\pi r}$. (B)

21. 在一次网球联赛中,只有每场比赛的获胜者才能进入另一场比赛,继续下去直到决定联赛的冠军. 如果有 128 个参加比赛的选手,为了决定联赛冠军必须进行多少场比赛?( ).

A. 129 B. 256 C. 128
D. 64 E. 127

解法 1 除了冠军外,其余 127 个选手每人恰好输一场. 必须进行 127 场比赛. (E)

解法 2 为了减少到 64 个选手的范围,需要 64 场比赛. 进一步减少到 32 个选手,还需 32 场,且如此继续下去直到只剩下一个选手,因此比赛总场数是 64 +

第2章 1979年试题

$32 + 16 + 8 + 4 + 2 + 1 = 127.$

22. 如果 $|x-1|-|x-2|=0$，则 x 等于（ ）.

A. 0　　　B. $\dfrac{2}{3}$　　　C. 1

D. $\dfrac{1}{2}$　　　E. $\dfrac{3}{2}$

解法1　$|x-1|-|x-2|=0.$ 所以 $|x-1|=|x-2|$. 把这些看作数轴上的距离，我们得知从 1 到 x 的距离等于从 2 到 x 的距离，即 $x=\dfrac{3}{2}$. （ E ）

解法2　$|x-1|=|x-2|$. 所以
$$(x-1)^2=(x-2)^2$$
即 $x^2-2x+1=x^2-4x+4$，即 $2x=3$，即 $x=\dfrac{3}{2}$，且它满足方程.

解法3　$|x-1|=|x-2|$.

情况1　如果 $x<1$ 或 $x\geqslant 2$，则 $x-1=x-2$，所以在这范围内没有 x 的值是一个可取的解.

情况2　如果 $1\leqslant x<2$，则 $x-1=-(x-2)$，即 $2x=3$，即 $x=\dfrac{3}{2}$，它是一个可取的解.

23. 一辆汽车以平均速度 50 km/h 行驶 20 km，又以 60 km/h 行驶另外的 20 km. 这 40 km 中的平均速度是（ ）.

A. 55 km/h　　B. 54 km/h　　C. $54\dfrac{6}{11}$ km/h

D. $55\dfrac{5}{11}$ km/h　　E. $55\dfrac{6}{11}$ km/h

解　所花的总时间是

25

$$\left(\frac{20}{50}+\frac{20}{60}\right)\text{h}=\frac{11}{15}\text{h}$$

所以平均速度是

$$\frac{40}{\frac{11}{15}}\text{ km/h}=\frac{600}{11}\text{ km/h}=54\frac{6}{11}\text{ km/h}$$

(C)

24. 如果 $a^{2b}=5$,则 $2a^{6b}-4$ 等于( ).

A. 26   B. 246   C. 242

D. $12\sqrt{5}-4$ E. 8

解 $2a^{6b}-4=2(a^{2b})^3-4=2\times 5^3-4=246.$

(B)

25. 与 $y=2x^2-8x+9$ 的图像相交于 $(0,a)$ 和 $(b,1)$ 两点的直线的斜率是( ).

A. 9   B. 2   C. -2

D. -4   E. 4

解 由于 $(0,a)$ 在 $y=2x^2-8x+9$ 的图像上,它满足这个方程.所以 $a=9$. 对 $(b,1)$ 做类似讨论, $1=2b^2-8b+9$, 重新整理后给出 $2(b-2)^2=0$, 即 $b=2$. 所以,所求直线的斜率是 $\frac{1-a}{b-0}=\frac{1-9}{2-0}=-4.$

(D)

26. 当分别被 3,5 和 7 除时余数为 1,1 和 5 的最小正整数是( ).

A. 166   B. 151   C. 145

D. 131   E. 以上皆非

解法 1 设所求整数为 N. 由给出的信息我们知道存在三个整数 x,y,z, 使得 $3x+1=N, 5y+1=N,$

$7z+5=N$. 由前两式推导出 $3x=5y=N-1$,所以存在整数 k 使得 $N-1=15k$. 所以 $N-1=15k=7z+5-1$,给出 $z=\dfrac{15k-4}{7}=2k+\dfrac{k-4}{7}$. $k=4$ 给出对 z 的最小整数解,且 $N=7\times 8+5=61$.　　　　(E)

解法 2　已经建立 $N-1$ 是 $15k$ 的形式,即 $N=15k+1$,我们有以下的可能性

$$1,16,31,46,61,76,\cdots$$

在上数列中被 7 除余数为 5 的最小数是 61.

27. 如图 7,棱锥 $ABCDE$ 具有正方形的底 $ABCD$ 和相等长度的棱 AE,BE,CE,DE. 如果 AB 长 20 cm 而高(E 到底面的)是 10 cm,则 AE 的长度是(　　).

A. $10\sqrt{3}$ cm　　B. $10\sqrt{2}$ cm　　C. $10\sqrt{5}$ cm

D. 15 cm　　E. 16.5 cm

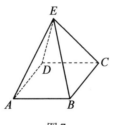

图 7

解　如图 8,设 F 是正方形底的中心. E 垂直地位于其上方. 设 x cm 是 FB 及 FA 的长度. 在 $\triangle AFB$ 中, $x^2+x^2=20^2$(由毕达哥拉斯定理). 因此 $x^2=200$. 在 $\triangle AFE$ 中

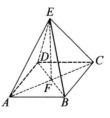

图 8

$$AE^2 = AF^2 + EF^2$$
$$= (x^2 + 100)\,\text{cm}^2$$
$$= 300\,\text{cm}^2$$

所以 $AE = 10\sqrt{3}$ cm. (A)

28. 两平行线与 x 轴相交截得长度为 3 cm 的线段,与 y 轴相交截得长度为 4 cm 的线段,这两条平行线之间的垂直距离是( ).

A. 5 cm   B. $\dfrac{12}{5}$ cm   C. $\dfrac{5}{12}$ cm

D. $\dfrac{4}{3}$ cm   E. $\dfrac{3}{4}$ cm

解法 1 坐标轴位置如图 9 所示. 设 OC 的长度, 即两平行线之间的垂直距离是 x cm. 由毕达哥拉斯定理, AB 的长度是 5 cm. $\triangle OAB \sim \triangle CAO$(AAA). 因此 $\dfrac{AB}{OB} = \dfrac{AO}{CO}$. 从而 $\dfrac{5}{3} = \dfrac{4}{x}$. 所以 $x = \dfrac{12}{5}$.   (B)

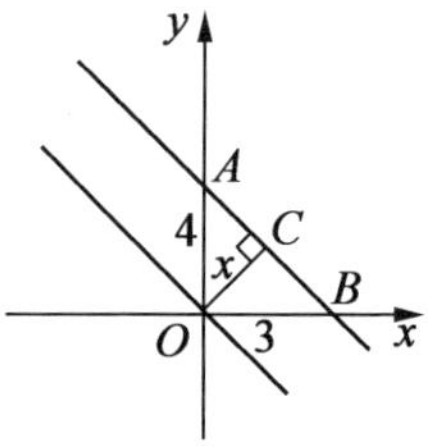

图 9

解法 2 $\triangle AOB$ 的面积 $= \dfrac{1}{2} \times OB \times OA = \dfrac{1}{2} \times 4 \times 3 = 6\,(\text{cm}^2)$ 且等于 $\dfrac{1}{2} \times AB \times OC = \dfrac{1}{2} \times 5 \times x\,(\text{cm}^2)$. 所以 $\dfrac{5}{2}x = 6$, 即 $x = \dfrac{12}{5}$.

解法 3 直线 AB 的方程是 $4x + 3y - 12 = 0$. 用一点(原点(0,0))到直线 AB 的距离公式,我们有

第 2 章　1979 年试题

$$x = \left| \frac{4 \times 0 + 3 \times 0 - 12}{\sqrt{4^2 + 3^2}} \right| = \frac{12}{5}$$

29. 一位店主收到以下账单：

22 盒 X 型盒式磁带：□29.3□元

其中首尾两个数字弄脏了无法辨认. 他知道每盒磁带价格在 25 元以上. 每盒磁带的价格是在以下哪两者之间？（　　）.

A. 25 元和 28 元　B. 28 元和 32 元　C. 32 元和 35 元

D. 35 元和 40 元　E. 40 元和 50 元

解　设 N 分为单价,而 X, Y 分别是账单中缺掉的第一个和最后一个数字. 则数字 $X293Y$（即具有值 $X \times 10\,000 + 2\,000 + 900 + 30 + Y$ 的数）必等于 22 乘 N. 这样 $X293Y$ 恰好同时被 11 和 2 两数除尽. 这意味着 Y 必是偶数.

由于单价大于 25 元, $22N > 22 \times 2\,500 = 55\,000$, 因而 $X = 6, 7, 8, 9$. 11 是 $22N$ 也是 $X293Y$ 的因数. 利用对 11 的可除性检验法（各位数字的交错和被 11 除尽）, 我们有（记号: $11 \mid X293Y$ 表示 11 恰好除尽 $X293Y$）

$$11 \mid X293Y \Rightarrow 11 \mid X - 2 + 9 - 3 + Y$$
$$\Rightarrow 11 \mid X + Y + 4$$

如果 $X = 6$
$$11 \mid (6 + Y + 4)$$
$$\Rightarrow 11 \mid (10 + Y)$$
$$\Rightarrow Y = 1, 但我们需要 Y 是偶数$$

29

如果 $X = 7$

$11 \mid (7 + Y + 4)$

$\Rightarrow 11 \mid (11 + Y)$

$\Rightarrow Y = 0$,它是可接受的

如果 $X = 8$

$11 \mid (8 + Y + 4)$

$\Rightarrow 11 \mid (12 + Y)$

$\Rightarrow Y$ 不是个位数

如果 $X = 9$

$11 \mid (9 + Y + 4)$

$\Rightarrow 11 \mid (13 + Y)$

$\Rightarrow Y = 9$,但我们需要 Y 是偶数

因此,$22N = 72\,930$,则 $N = 3\,315$. 所以单价是 33.15 元. （ C ）

第3章　1980年试题

1. $1\frac{2}{3} + \frac{5}{6}$ 等于( ).

A. $2\frac{1}{2}$ 　　B. $2\frac{1}{3}$ 　　C. $1\frac{7}{9}$

D. $2\frac{2}{3}$ 　　E. $1\frac{1}{2}$

解　$1\frac{2}{3} + \frac{5}{6} = 1\frac{4}{6} + \frac{5}{6} = 1\frac{9}{6} = 2\frac{1}{2}$.

(A)

2. 在图1中,PQ是一直线,且$\angle QOR$是38°.则$\angle POR$等于( ).

A. 76°　　B. 142°　　C. 52°

D. 128°　　E. 332°

解　由于$\angle QOR$和$\angle POR$是一直线上的邻角,$\angle QOR + \angle POR = 180°$,即$\angle POR = 180° - 38° = 142°$.

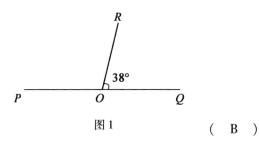

图1

(B)

澳大利亚中学数学竞赛试题及解答(中级卷)1978—1984

3. 以下的数中哪一个最接近 $49.5 \div 0.5$ 的值( ).

A. 10   B. 25   C. 50

D. 100   E. 250

解 $49.5 \div 0.5 \approx 50 \div 0.5 = 100 \div 1 = 100$.

               (D)

4. $6(3-x)-2(1-x)$ 化简成( ).

A. 16   B. $16+4x$ C. $16-4x$

D. $16-8x$ E. $12-2x$

解 $6(3-x)-2(1-x)=18-6x-2+2x=16-4x$.

               (C)

5. 如果 $8r^3=1$,则 r 的值是( ).

A. 2   B. $\dfrac{1}{24}$ C. $\dfrac{1}{8}$

D. $-\dfrac{1}{2}$ E. $\dfrac{1}{2}$

解 如果 $8r^3=1$,则 $r^3=\dfrac{1}{8}$,即 $r=\dfrac{1}{2}$.

               (E)

6. 给定 $a=1,b=2,c=2$,求 $\sqrt{a^2+b^2+c^2}$ 等于( ).

A. $\sqrt{5}$ B. $\sqrt{10}$ C. 3

D. 5   E. 9

解 如果 $a=1,b=2,c=2$,则 $\sqrt{a^2+b^2+c^2}=\sqrt{1+4+4}=\sqrt{9}=3$.   (C)

7. 如果 $x>5$,则下列各式中哪一个是最小的?

32

( ).

 A. $\dfrac{5}{x}$ B. $\dfrac{5}{x+1}$ C. $\dfrac{5}{x-1}$

 D. $\dfrac{x}{5}$ E. $\dfrac{x+1}{5}$

解法 1 这个问题必须有一个唯一的答案. 选取 x 的一个特殊值,比如说 $x=10$,有

$$\dfrac{5}{x}=\dfrac{5}{10},\dfrac{5}{x+1}=\dfrac{5}{11},\dfrac{5}{x-1}=\dfrac{5}{9},\dfrac{x}{5}=\dfrac{10}{5},\dfrac{x+1}{5}=\dfrac{11}{5}$$

其中 $\dfrac{5}{11}$ 是最小的.   (B)

解法 2 比较最前面的三个备选答案,$x+1>x>x-1$,所以 $\dfrac{x+1}{5}>\dfrac{x}{5}>\dfrac{x-1}{5}$,或 $\dfrac{5}{x+1}<\dfrac{5}{x}<\dfrac{5}{x-1}$,也有 $\dfrac{5}{x+1}<\dfrac{5}{6}$(因 $x>5$). 现在比较最后的两个选择,$5<x<x+1$,所以 $1<\dfrac{x}{5}<\dfrac{x+1}{5}$. 因此,可能的答案是 $\dfrac{5}{x+1}$ 或 $\dfrac{x}{5}$. 但是 $\dfrac{5}{x+1}<\dfrac{5}{6}<1<\dfrac{x}{5}$.

8. 一个长方形盒子的内部尺寸是 $3\,cm\times4\,cm\times12\,cm$. 可放在盒中的最长细杆的长度是( ).

 A. $19\,cm$ B. $\sqrt{19}\,cm$ C. $13\,cm$

 D. $12\,cm$ E. $\sqrt{160}\,cm$

解 如图 2,所求长度等于该盒子的对角线长 AD. 用毕达哥拉斯定理两次求得

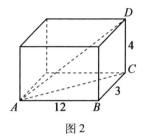

图2

$$AC^2 = AB^2 + BC^2 = 12^2 + 3^2 = 153$$
$$AD^2 = AC^2 + CD^2 = 153 + 4^2 = 169$$

所以 $AD = 13$.　　　　　　　　　　(C)

9. 汤姆(Tom)比苏珊娜(Suzanne)大3岁.他们的年龄之和是15.设汤姆的年龄是 x 岁,由以下哪一个方程可求得 x?(　　).

A. $x = 15 - 3$ 　　　　B. $x + (x - 3) = 15$

C. $x + 3x = 15$ 　　　　D. $x + (x + 3) = 15$

E. $x = 15 + (x - 3)$

解 苏珊娜的年龄是 $x - 3$ 岁.因为汤姆和苏珊娜的年龄之和是15岁,$x + (x - 3) = 15$.　(B)

10. 给定方程 $\dfrac{1}{x} = \dfrac{1}{y} + \dfrac{1}{z}$,其中 $x = 2, y = 3$,则 z 的值是(　　).

A. -6 　　　　B. $\dfrac{1}{6}$ 　　　　C. $\dfrac{5}{6}$

D. $\dfrac{6}{5}$ 　　　　E. 6

解 $\dfrac{1}{x} = \dfrac{1}{y} + \dfrac{1}{z}$.由于 $x = 2, y = 3$,所以我们有

第3章 1980年试题

$\dfrac{1}{2} = \dfrac{1}{3} + \dfrac{1}{z}$,即 $\dfrac{1}{z} = \dfrac{1}{2} - \dfrac{1}{3} = \dfrac{1}{6}$,$z = 6$. (E)

11. 在一社交聚会上有同样数目的男孩和女孩.男孩中的 $\dfrac{1}{4}$ 有工作.有工作的女孩是有工作的男孩的两倍.出席聚会的人中共有30人无工作.参加聚会的人数是在以下哪一范围之内?(   ).

A.(100～124)人   B.(60～72)人
C.(34～38)人   D.(39～43)人
E.(44～48)人

解 假设 $4x$ 个男孩和 $4x$ 个女孩出席聚会,则 x 个男孩和 $2x$ 个女孩有工作且这群人中 $8x - x - 2x = 5x$ 个人无工作.这样 $5x = 30$,$x = 6$ 且出席人数 $8x$ 是48人. (E)

12. 一个人的工资增加 $a\%$,达到了每周250元.在这次增加之前的工资(按元／周计算)是(   ).

A. $250 - \left(\dfrac{a}{100} \times 250\right)$ B. $\dfrac{a}{100} \times 250$

C. $\dfrac{100 + a}{100} \times 250$ D. $\dfrac{100}{100 + a} \times 250$

E. $\dfrac{250}{a} \times 100$

解 设原工资是 x 元,则 $x\left(\dfrac{100 + a}{100}\right) = 250$,即

$$x = \dfrac{100}{100 + a} \times 250 \qquad (D)$$

13. 一个25 m长的杆靠在垂直的墙上,下端距墙面20 m.如果下端再向外滑动4 m,则杆顶从墙下滑的

距离是(　　).

　　A.4 m　　　　B.8 m　　　　C.5 m

　　D.$\sqrt{90}$ m　　E.7 m

解 如图3,设 AB 是杆的初始位置且 CD 是最后位置. 用毕达哥拉斯定理,得
$$OB^2 = AB^2 - OA^2 = 25^2 - 20^2$$
因此 $OB = 15$. 也有
$$OD^2 = CD^2 - OC^2 = 25^2 - 24^2$$
所以 $OD = 7$. 因此下滑距离是 $15 - 7 = 8(\mathrm{m})$.

(B)

14. 一个圆的周长为 p cm. 其面积是(　　).

A. $\dfrac{p^2}{4\pi}$ cm^2　　B. $\dfrac{p^2}{4}$ cm^2　　C. πp^2 cm^2

D. $2\pi p$ cm^2　　E. $\dfrac{2\pi}{p}$ cm^2

解 设该圆的半径 r cm 和面积 A cm^2. 则
$$p = 2\pi r \Rightarrow r = \frac{p}{2\pi}$$
$$A = \pi r^2 \Rightarrow A = \pi\left(\frac{p}{2\pi}\right)^2 = \frac{p^2}{4\pi} \quad (\text{ A })$$

15. 对所有的数 a,b,把运算 $a*b$ 定义为 $a*b = ab - a + b$. 方程 $5*x = 17$ 的解是(　　).

A. $3\dfrac{2}{5}$　　　B. 2　　　　C. -2

D. 3　　　　E. $3\dfrac{2}{3}$

解 利用运算 ∗ 的定义,$5*x = 5x - 5 + x = 6x - 5$. 现在 $5*x = 17$,所以 $6x - 5 = 17$,即 $6x = 22$,即 $x = \dfrac{22}{6}$ 或 $3\dfrac{2}{3}$.　　　　　　　(E)

16. 如果 a,b 和 c 是任意数,且 $a > b$,则以下哪一个式子必是正确的(　　).

A. $\dfrac{1}{a} > \dfrac{1}{b}$　　　B. $ac > bc$　　　C. $a^2 > b^2$

D. $a + c > b + c$　　E. $\dfrac{1}{a} < \dfrac{1}{b}$

解 由于 $a > b$,那么 $a + c > b + c$.　(D)

注 对每一个其他命题可找到反例:

选项 A 如果 b 是正的,则 $\dfrac{1}{a} < \dfrac{1}{b}$(又如果 a 或 b 是零,则无意义);

选项 B 如果 $c \leqslant 0$,则 $ac \not> bc$;

选项 C 如果 $b < 0$,则 $a^2 < b^2$;

选项 D 如果 a 是负的,则 $\dfrac{1}{a} > \dfrac{1}{b}$(又如果 a 或 b 是零,则无意义).

17. 在图 4 中,POS 是通过半径为 r cm 的圆的中心 O 的一条直线. 直线 PQ 长 r cm. 如果 $\angle ROS$ 是 $60°$,则 $\angle OPQ$ 是(　　).

A. $10°$　　　B. $15°$　　　C. $30°$
D. $25°$　　　E. $20°$

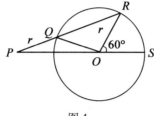

图 4

解 如图 5，△PQO 和 △QOR 都是等腰三角形. 设 ∠QPO = $x°$. 由于三角形的外角等于两不相邻内角之和，∠RQO = $x° + x° = 2x°$；且 ∠SOR = ∠ORP + ∠OPR. 所以 $60 = 2x + x$，即 $x = 20$.

图5

(E)

18. 如果 $y = \dfrac{x+2}{x-3}$，则 x 是( ).

A. $\dfrac{3y-2}{y+1}$ B. $\dfrac{3y+2}{y-1}$ C. $\dfrac{2-3y}{1+y}$

D. $\dfrac{y+2}{y-3}$ E. $\dfrac{y-2}{y+3}$

解 由于 $y = \dfrac{x+2}{x-3}$，$xy - 3y = x + 2$，即 $xy - x = 3y + 2$，即 $x(y-1) = 3y + 2$ 或 $x = \dfrac{3y+2}{y-1}$. (B)

19. 对怎样的 x 值，有 $|x| + |x-1| = 1$?( ).

A. 只有 0 和 1 B. 只有 0 和 -1 C. 所有 x

D. $-1 < x \leq 1$ E. $0 \leq x \leq 1$

解法 1 $|x| + |x-1| = 1$

第 3 章　1980 年试题

(x 到 0 的距离) + (x 到 1 的距离) = 1

检查,发现 $0 \leqslant x \leqslant 1$ 是其解.　　　　　(E)

解法 2　$|x| = \begin{cases} x & \text{如果 } x \geqslant 0 \\ -x & \text{如果 } x < 0 \end{cases}$

且 $|x-1| = \begin{cases} x-1, & \text{如 } x-1 \geqslant 0 \quad \text{即 } x \geqslant 1 \\ -x+1 & \text{如 } x-1 < 0 \quad \text{即 } x < 1 \end{cases}$

情况 1　$x \geqslant 1$. 这里 $|x|+|x-1|=1$ 给出 $x+x-1=1$,即 $x=1$.

情况 2　$0 \leqslant x < 1$. 这里 $|x|+|x-1|=1$,即 $x+(-x+1)=1$,即 $1=1$,因此满足 $0 \leqslant x < 1$ 的 x 的所有值满足方程.

情况 3　$x < 0$. 这里 $|x|+|x-1|=1$ 给出 $-x+(-x+1)=1$,即 $x=0$,它是不可能的,因为它不在所限制的范围.

仅在情况 1 和 2 有可取解,给出 $0 \leqslant x \leqslant 1$.

20. 在图 6 中,R 和 P 是圆心为 O 的圆上的两点. PQ 的长度为 50 cm,QR 的长度为 10 cm. PQ 垂直于 OR. 该圆的半径是(　　).

A. 240 cm　　B. 120 cm　　C. 250 cm

D. 130 cm　　E. 260 cm

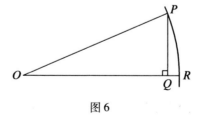

图 6

解 如图7,设 x cm 是该圆的半径,则 OQ 的长度是 $(x-10)$ cm. 在 $\triangle OQP$ 上用毕达哥拉斯定理,$(x-10)^2 + 50^2 = x^2$,即 $x^2 - 20x + 100 + 2\,500 = x^2$,即 $2\,600 = 20x$ 或 $x = 130$.

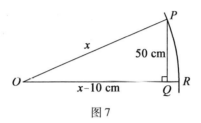

图7

(D)

21. 如图8,$PQRS$ 是一个四边形,其中 $SP = SR$,$\angle PSR = 60°$ 且 $\angle PQR = 90°$. PQ 的长度是 8 cm,且 QR 的长度是 6 cm. $PQRS$ 的面积是(　　).

A. $(25\sqrt{3} + 24)$ cm² 　　B. $(\dfrac{25\sqrt{3}}{2} + 24)$ cm²

C. $(25\sqrt{2} + 24)$ cm² 　　D. $(48 + \dfrac{25\sqrt{3}}{2})$ cm²

E. $(48 + 25\sqrt{3})$ cm²

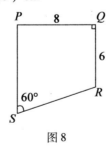

图8

解 如图9,由毕达哥拉斯定理 $PR = 10$ cm. 由于

△PRS 是等边三角形,PS = SR = 10 cm. 如果 M 是从 S 到 PR 的垂线的垂足,△PMS ≌ △RMS,且 PM = MR = 5 cm. 所以 $MS^2 = 100 - 25$,且 $MS = \sqrt{75} = 5\sqrt{3}$ cm,所以四边形 PQRS 的面积等于 $\dfrac{10 \times 5\sqrt{3}}{2} + \dfrac{6 \times 8}{2} = 25\sqrt{3} + 24 (\text{cm}^2)$.

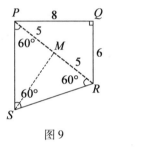

图9　　　　　(A)

22. 一个甲虫在边长为 1 m 的正方形外围绕着爬行,在全部时间中与正方形边界精确地保持 1 m 的距离. 该甲虫爬一整圈所围的面积是(　　).

　　A.$(\pi + 4)$ m²　　B.5 m²　　C.$(2\pi + 4)$ m²
　　D.$(\pi + 5)$ m²　　E.9 m²

解　图10表示所围面积由五个边长为1 m的正方形(即面积5 m²)和四个阴影部分一起组成. 阴影部分由四个半径为1 m的圆的 $\dfrac{1}{4}$ 部分组成,即面积为 $\pi \cdot 1^2 = \pi$ (m²). 总面积是 $(5 + \pi)$ m².

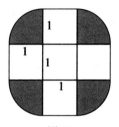

图10

(D)

23. $(2^{3n}+2^{-3n})(2^{3n}-2^{-3n})$ 等于( ).

A.$2^{6n}-2^{-6n}$　　B.$2^{6n}+2-2^{-6n}$　　C.$9^{9n}-2^{-9n}$

D.$2^{9n^2}-2^{-9n^2}$　　E.$4^{6n}-4^{-6n}$

解 $(2^{3n}+2^{-3n})(2^{3n}-2^{-3n})=(2^{3n})^2-(2^{-3n})^2=2^{6n}-2^{-6n}.$

(A)

24. 对 x 的什么值 $\dfrac{1}{x-3}<4$ 是正确的?( ).

A. x 的所有的值

B. 除了 $3\leqslant x\leqslant 3\dfrac{1}{4}$ 以外的 x 的所有的值

C. 仅是大于 $3\dfrac{1}{4}$ 的那些 x 的值

D. 只是小于 3 的那些 x 的值

E. 小于 $3\dfrac{1}{4}$ 的所有 x 的值

解 **情况 1** 当 $x=3$ 时,$\dfrac{1}{x-3}$ 无意义.

情况 2 如果 $x>3$,则 $x-3>0$,因此

$$\dfrac{1}{x-3}<4 \Rightarrow 1<4x-12$$

$$\Rightarrow 4x>13$$

$$\Rightarrow x > 3\frac{1}{4}$$

给出一部分解 $\{x \mid x > 3\frac{1}{4}\}$.

情况3 如果 $x < 3$，则 $x - 3 < 0$，因此

$$\frac{1}{x-3} < 4 \Rightarrow 1 > 4x - 12$$

$$\Rightarrow 13 > 4x$$

$$\Rightarrow x < 3\frac{1}{4}$$

给出一部分解 $\{x \mid x < 3\}$. 因此,完全解是 $\{x \mid x < 3\} \cup \{x \mid x > 3\frac{1}{4}\}$，即除了 $3 \le x \le 3\frac{1}{4}$ 以外的 x 的所有的值. (B)

25. 如图11，$RSTU$ 是一矩形. RS 长 8 m. RU 长 6 m. RP 和 TQ 均垂直于 SU. PQ 的长度是( ).

A. 6.4 m   B. 6 m   C. 3.6 m
D. 2.8 m   E. 1 m

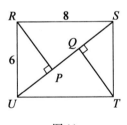

图11

解法1 如图12，由毕达哥拉斯定理 $US = 10$ cm. 设 $UP = x$ cm，可看出 $QS = x$ cm，$PQ = (10 - 2x)$ cm.

由于 $\triangle UPR \backsim \triangle URS$,$\dfrac{UP}{UR} = \dfrac{UR}{US}$. 因此 $\dfrac{x}{6} = \dfrac{6}{10}$,所以 $x = 3.6$. 因此 $PQ = 10 - 2 \times 3.6 = 2.8 (\text{cm})$.

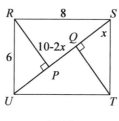

图 12

(D)

解法 2 如图 12,由毕达哥拉斯定理,$RP^2 = UR^2 - UP^2 = 36 - x^2$ 且 $RS^2 = RP^2 + PS^2$,即 $64 = 36 - x^2 + (10-x)^2 = 36 - x^2 + 100 - 20x + x^2$,即 $x = 3.6$. 故 $PQ = 10 - 2 \times 3.6 = 2.8 (\text{cm})$.

26. 在某一天上午 9 时出现一个光信号. 然后它在相等的时间间隔中消失和出现. 每次持续的分钟数是一个整数. 后来在一天上午观察到在 9:09 时无光,在 9:17 时有光,且在 9:58 时有光. 在这天上午的以下哪两个时刻将有光( ).

A. 10:30 和 11:21   B. 10:14 和 11:00
C. 10:23 和 11:01   D. 10:25 和 11:33
E. 10:40 和 11:46

解 设转换之间的时间是 n min. 由于在上午 9:09 时没有光线,$n \leqslant 9$. 此外:

选项 A 在 9:09 时没有光线 $\Rightarrow n \neq 2, 4$;
选项 B 在 9:17 时有光线 $\Rightarrow n \neq 1, 3, 5, 9$;

选项 C 在 9:58 时有光线 $\Rightarrow n \neq 6,8$.

所以 $n = 7$,且光线出现在区间 9:00—9:07, 9:14—9:21, 9:28—9:35, 9:42—9:49, 9:56—10:03, 10:10—10:17, 10:24—10:31, 10:38—10:45, 10:52—10:59, 11:06—11:13, 11:20—11:27, ⋯   (A)

第4章 1981年试题

1. $5x - 2(4 - x)$ 等于( ).

A. $7x - 8$ B. $3x - 8$ C. $7x - 6$

D. $3x - 6$ E. $4x - 8$

解 $5x - 2(4 - x) = 5x - 8 + 2x = 7x - 8$

(A)

2. 图1中 x 的值是( ).

A. 20   B. 70   C. 110

D. 140   E. 220

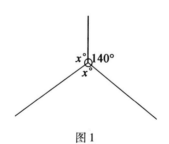

图1

解 $x + x + 140 = 360$. 所以 $2x = 220$, 即 $x = 110$.

(C)

3. 如果 $a = 10$ 且 $t = 3$, 则 $\frac{1}{2}at^2$ 的值是( ).

A. 45   B. 90   C. 30

46

第4章　1981年试题

D. $22\frac{1}{2}$　　E. 450

解　如果 $a = 10$ 且 $t = 3$，则 $\frac{1}{2}at^2 = \frac{1}{2} \times 10 \times 9 = 45$.　　　　　　　　　　　　　　　(A)

4. $2x + 1 - 3(2 - x)$ 化简成(　　).

A. $5x - 5$　　B. $-x - 5$　　C. $x - 5$

D. $5 - x$　　E. $8x - 5$

解　$2x + 1 - 3(2 - x) = 2x + 1 - 6 + 3x = 5x - 5$.
(A)

5. 把矩形 PQRS 分成一个正方形和三个矩形, 如图 2 所示. 此正方形的面积是 $x^2 \text{ cm}^2$, 矩形的面积是 $5x \text{ cm}^2$ 和 $3x \text{ cm}^2$. 带阴影的矩形的面积是(　　).

A. 15 cm^2　　B. $15x^2 \text{ cm}^2$　　C. $8x^2 \text{ cm}^2$

D. $15x \text{ cm}^2$　　E. $8x \text{ cm}^2$

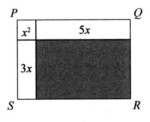

图 2

解　如图 3, 正方形 PMWY 的面积 $= x^2$, 所以 $MW = x$, 矩形 MQVW 的面积 $= 5x = x \times WV$, 所以 $WV = 5$. 矩形 YWTS 的面积 $= 3x = x \times WT$, 所以 $WT = 3$. 所以, 阴影部分的面积等于 $5 \times 3 = 15$.

47

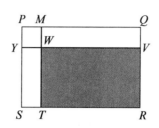

图3   (A)

6. 把一块巧克力分给三个儿童,使得第一个儿童分到 $\frac{2}{5}$ 块,第二个儿童分到 $\frac{1}{3}$ 块. 剩下的巧克力分给第三个儿童的数量是(   ).

A. $\frac{11}{15}$ 块   B. $\frac{3}{8}$ 块   C. $\frac{4}{15}$ 块

D. $\frac{5}{8}$ 块   E. 无

解 剩下的巧克力的数量 $= 1 - \frac{2}{5} - \frac{1}{3} = \frac{15}{15} - \frac{6}{15} - \frac{5}{15} = \frac{4}{15}$.   (C)

7. 如图4所示,一个 4 cm × 4 cm 的正方形被分成 16 个边长为 1 cm 的小正方形. 图中任意大小的正方形总数是(   ).

A. 20   B. 17   C. 25
D. 29   E. 30

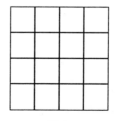

图4

解 在图5中,可找到边长为4 cm,3 cm,2 cm 和 1 cm 的正方形. 显然有16个1 cm的正方形. 用左顶角的字母确定其他正方形,给出9个2 cm 的正方形(a,b,c,d,e,f,g,h,i),4个3 cm的正方形(a,b,c,d)和一个4 cm的正方形(a). 因此正方形总数 = 16 + 9 + 4 + 1 = 30.

a	c	g	
b	d	h	
e	f	i	

图5

(E)

注 按这个方法系统地描述这些正方形,使得容易看出在一个 n cm × n cm 正方形中正方形数是 $1^2 + 2^2 + \cdots + n^2$.

8. 一位汽车推销商急于清库存,决定每辆车降价10%. 后来他知道按照这个新价格出售他会亏损,因而,再提价5%. 他的净折扣是(   ).

A. 4.5%   B. 5.5%   C. 5.0%
D. 6.0%   E. 4.0%

解 设原价是 $100x$. 第一次打折价是 $90x$. 第二次打折价是 $1.05 × 90x = 94.5x$. 所以净折扣是 5.5%.

(B)

9. 如图6,PQ 是一个中心为 O 的圆的直径. R 是圆

49

周上的一点,使得 $PO = OQ = QR = 1$. 则 PR 的长度是( ).

    A. $\sqrt{5}$ B. 1   C. $\dfrac{3}{2}$

    D. $\sqrt{3}$ E. $\dfrac{\pi}{2}$

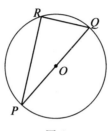

图 6

解 如图 7,因为 $\angle PRQ$ 是直角,所以(由毕达哥拉斯定理)

$$PR = \sqrt{2^2 - 1^2} = \sqrt{3}$$

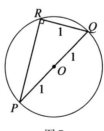

图 7   (D)

10. 如果 $a = 2$ 且 $b = 3$,则 $(2^{-a} + 2^{-b})^{-1}$ 等于( ).

    A. $\dfrac{2}{3}$ B. $\dfrac{8}{3}$ C. $\dfrac{1}{12}$

D. $\dfrac{3}{8}$ E. 12

解 如果 $a = 2$ 且 $b = 3$,则
$$(2^{-a} + 2^{-b})^{-1} = (2^{-2} + 2^{-3})^{-1}$$
$$= \left(\dfrac{1}{4} + \dfrac{1}{8}\right)^{-1}$$
$$= \left(\dfrac{3}{8}\right)^{-1} = \dfrac{8}{3} \qquad (\ B\ )$$

11. 如果 $ab = 12, bc = 20, ac = 15$ 且 a 是正数,则 abc 等于( ).

A. 360   B. 3 600   C. 60

D. 36   E. 600

解法1 我们有 $ab \times bc \times ac = 12 \times 20 \times 15 = (4 \times 3) \times (4 \times 5) \times (3 \times 5)$. 所以 $a^2 b^2 c^2 = 3^2 \times 4^2 \times 5^2$, 即 $abc = 3 \times 4 \times 5 = 60$. $(\ C\ )$

解法2 $\dfrac{ab}{bc} = \dfrac{a}{c} = \dfrac{12}{20} = \dfrac{3}{5}$. 又有 $ac = 15$ 且 a 是正数. 因此 $a = 3$ 且 $c = 5$. 由于 $bc = 20, b = 4$. 因此
$$abc = 3 \times 4 \times 5 = 60$$

12. 一位店主出售房屋号码,剩下大量数字 4,7 和 8,而所有其余数字都已售完. 从这些剩下的数字可以做出多少个三位数的房屋号码?( ).

A. 6 个   B. 18 个   C. 24 个

D. 26 个   E. 27 个

解 三个数 (4,7,8) 中的任一个可以用来做房屋号码的百位、十位和个位数字. 这给出 $3 \times 3 \times 3 = 27$

个不同的可能性. (E)

13. 如图 8,$PQRS$ 是一个梯形,其中 $PQ \parallel SR$. 如果 $PQ = 20$ cm,$SR = 12$ cm,且 $\triangle RST$ 的面积为 60 cm^2,则梯形 $PQRS$ 的面积是( ).

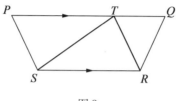

图 8

A. 180 cm^2 B. 320 cm^2 C. 300 cm^2
D. 160 cm^2 E. 150 cm^2

解 设梯形的高是 h cm,如图 9 所示. $\triangle RST$ 的面积 $= 60$ cm^2,所以 $\frac{1}{2} \times 12 \times h = 60$,所以 $h = 10$. 现在

梯形 $PQRS$ 的面积 $= \triangle PRQ$ 的面积 $+ \triangle PRS$ 的面积

$$= \frac{1}{2} \times h \times PQ + \frac{1}{2} \times h \times RS$$

$$= \frac{1}{2} h(PQ + RS)$$

$$= \frac{1}{2} \times 10 \times 32 = 160 \text{（cm}^2\text{)}$$

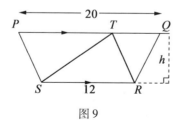

图 9

第4章 1981年试题

(D)

14. 一电表记录从 0 V 到 20 V 之间的伏特数.如果表上三个读数的平均值是 16 V,则可能的最小读数是( ).

A. 8 V　　　B. 9 V　　　C. 6 V

D. 11 V　　　E. 10 V

解 由于平均读数是 16 V,三个读数的总数是 $3 \times 16 = 48$(V).两个可能的最大读数是 20 V,所以剩下的可能的最小读数是 $48 - 20 - 20 = 8$(V). (A)

15. 一个时钟在 12:35 时两个指针之间的较小角是( ).

A. $167\frac{1}{2}°$　　B. $150°$　　　C. $165°$

D. $180°$　　　E. $162\frac{1}{2}°$

解 在一座钟上分针每小时转 $360°$,而时针每小时转 $\frac{360°}{12} = 30°$. 在 12:35 时两个指针之间的角是

$$\frac{35}{60} \times 360° - \frac{35}{60} \times 30° = \frac{35}{60} \times 330° = 192\frac{1}{2}°$$

因此较小角是 $360° - 192\frac{1}{2}° = 167\frac{1}{2}°$. (A)

16. 一个边长为 5 cm 的正方盒子斜靠在垂直的墙上,如图10所示,R 距墙面 4 cm. P 在地板之上的高度是( ).

A. $\sqrt{50}$ cm　　B. 7 cm　　　C. 8 cm

53

D. $(3+\sqrt{5})$ cm   E. 6 cm

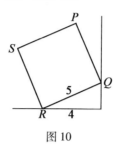

图10

解 如图11,$\triangle PXQ \cong \triangle QYR$. 因此 $XQ = RY = 4$ cm. 由毕达哥拉斯定理 $QY = 3$ cm. 因此 P 在地板上面的高度是 $XQ + QY = 7$ cm.

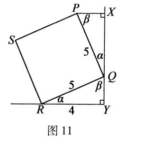

图11   (B)

17. 在一次聚会上有28次相互握手. 每个人恰好同其他任意一个人握手一次. 参加聚会的人数是( ).

A. 7   B. 8   C. 27
D. 14   E. 28

解法1 设有 n 个人参加. 每人握手 $n-1$ 次. 由于每次握手涉及两个人,握手总数是 $\dfrac{n(n-1)}{2} = 28$,即 $n(n-1) = 56$. 由于 n 是整数,用试探法可以解,给出

$n = 8$. (B)

解法2 如果 n 个人中第1个人与其他人握手,然后站在一边,则有 $n-1$ 次握手.如果另一人重复这个过程,则有 $n-2$ 次握手.总数是 $(n-1)+(n-2)+\cdots+2+1$.由试算,$1+2+3+4+5+6+7=28$,所以有8个人出席.

18. 如果 $x+\dfrac{1}{x}=3$,则 $x^2+\dfrac{1}{x^2}$ 等于( ).

A. 9 B. 10 C. 27

D. 11 E. 7

解 由 $x+\dfrac{1}{x}=3$,因此 $\left(x+\dfrac{1}{x}\right)^2=9$,即 $x^2+2+\dfrac{1}{x^2}=9$,即 $x^2+\dfrac{1}{x^2}=7$. (E)

19. 两竖直的长杆,高为 20 m 和 80 m,分开地竖立在水平面上.联结一个杆的上端点到另一个杆的下端点的两条直线的交点的高度是( ).

A. 18 m B. 50 m C. 16 m

D. 15 m E. $11\sqrt{2}$ m

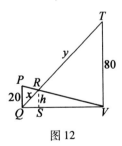

图12

解 设 h, x, y 是图12中所表示的距离.由 $\triangle PRQ \backsim$

△TRV,有

$$\frac{x}{y} = \frac{20}{80} = \frac{1}{4}$$

所以

$$\frac{QR}{QT} = \frac{x}{x+y} = \frac{1}{1+4} = \frac{1}{5}$$

△QRS ∽ △QTV,所以 $\frac{h}{80} = \frac{QR}{QT} = \frac{1}{5}$,即

$$h = \frac{80}{5} = 16 \qquad (\ C \ )$$

20. 一个直径为 13 cm 的球浮在水面上,使得该球的顶点高于池水的平坦表面 4 cm. 由水面与球相接触而形成的圆的周长是多少( ).

A. 12π cm B. 18π cm C. 6π cm

D. $(4\sqrt{22})\pi$ cm E. 24π cm

解 如图 13 所示,通过该球顶点的一个垂直截面. QP 是所求圆的半径. $OQ = \frac{13}{2} - 4 = \frac{5}{2}$. 由毕达哥拉斯定理

$$PQ = \sqrt{\frac{169}{4} - \frac{25}{4}} = \sqrt{\frac{144}{4}} = 6$$

所以与水面接触的圆的周长是 $2\pi \times 6 = 12\pi$(cm).

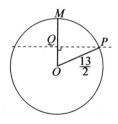

图 13

第4章　1981年试题

21. 当 $3^{1981}+2$ 被 11 除时,余数是(　　). 　(A)

A. 5　　　　B. 0　　　　C. 7

D. 6　　　　E. 3

解　我们注意到 $3^1 \equiv 3 (\bmod\ 11)$, $3^2 \equiv 9(\bmod\ 11)$, $3^3 = 27 \equiv 5(\bmod\ 11)$, $3^4 = 81 \equiv 4(\bmod\ 11)$, $3^5 = 243 \equiv 1(\bmod\ 11)$. 所以

$$\begin{aligned}3^{1981}+2 &= 3 \times 3^{1980}+2 \\ &= 3 \times (3^5)^{396}+2 \\ &\equiv 3 \times 1^{396}+2(\bmod\ 11) \\ &\equiv 3+2 = 5(\bmod\ 11)\end{aligned}$$

$3^{1981}+2$ 被 11 除的余数是 5. 　(A)

22. 1981 年 1 月 1 日是星期四. 20 世纪第一天 (1901 年 1 月 1 日) 是(　　).

A. 星期二　　B. 星期三　　C. 星期四

D. 星期五　　E. 星期六

解　从 1901 年 1 月 1 日到 1981 年 1 月 1 日有 80 年,其中 20 年是闰年而 60 年不是闰年. 过去的日子里 $20 \times 366 + 60 \times 365 = 29\,220 = (4\,174 \times 7)+2$. 因此在 1981 年 1 月 1 日星期四之前 20 世纪已过去 4 174 周零两天,20 世纪第一天是星期二. 　(A)

23. 如表 1,在一次曲棍球联赛中,每个队与其他队分别比赛一次. 最后的联赛成绩记录为:

表1

	胜	平	负	得分
隼队	1	2	0	4
鹫队	1	1	1	3
雕队	1	1	1	3
鹰队	1	0	2	2

如果鹰队仅战胜鹫队,则(　　).

A. 雕队击败鹫队,但负于鹰队

B. 隼队战胜鹫队或雕队

C. 在对鹰队的比赛中,鹫队比雕队胜得多

D. 在对雕队的比赛中,隼队比鹫队胜得多

E. 雕队除了对鹫队外,没有败过

解法1　这是循环局面,其中每队与每一其他队比赛,且问题由构造出的胜负表来回答,表2显示了每一场单独比赛的详情.

首先,由于隼队有两场平局,且鹫队和雕队各有一场平局,平局发生在隼队对鹫队和隼队对雕队的比赛. 隼队剩下的一场是胜的,所以这必是对鹰队的. 而且我们已得知鹰队打败了鹫队. 以上信息可在表2中表示出:

表2

	隼队	雕队	鹰队	鹫队
隼队		平	平	赢
鹫队	平			输
雕队	平			
鹰队	输	赢		

其余信息现在可由最后的联赛成绩记录表而填满. 鹭队有一胜,故这必是对雕队的. 鹰队有一胜和两负,所以必负于雕队. 这也给出了我们两个缺掉的雕队的结果. (E)

解法 2 表 2 所示隼队对鹭队和雕队是平局. 我们已得知鹰队胜鹭队. 这展示在图 14 上,用双线表示平局,从负者到胜者用一有向线表示.

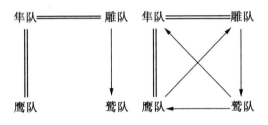

图 14

再按这表示继续进行,容易完成图解. 因此雕队除了对鹭队外没输过.

24. 一个以 O 为圆心、半径为 2 cm 的圆包含三个较小的圆,如图 15 所示;其中两个小圆与外圆相切且彼此相切于 O,而第三个小圆与其他的每个圆相切. 第三个小圆的半径是( ).

A. $\dfrac{2}{3}$ cm B. $\dfrac{1}{2}$ cm C. $\dfrac{1}{3}$ cm

D. 1 cm E. $\dfrac{5}{6}$ cm

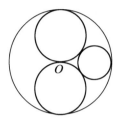

图 15

解 如图 16,设第三个圆的半径为 r. 由于 $OS = 2, OT = 2 - r$. 在 $\triangle POT$ 中,由毕达哥拉斯定理,$(2 - r)^2 + 1^2 = (r + 1)^2$. 因此 $4 - 4r + r^2 + 1 = r^2 + 2r + 1$, 即 $4 = 6r$, 即 $r = \dfrac{2}{3}$ cm.

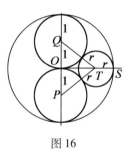

图 16

(A)

25. 一个粗心的办公室工友,把四封信放入四个信封中,有多少种不同的方式使得没有一个信封装入正确的信? ( ).

A. 4 种   B. 9 种   C. 12 种

D. 6 种   E. 24 种

解法 1 如果我们考虑数字 1,2,3,4 的 24 个排列,且删去所有以 1 在第一位置的(即第一封信在它的正确的信封中),2 在第二位置的,3 在第三位置的或 4 在第四位置的那些,我们剩下这些排列

2 1 4 3	2 4 1 3	2 3 4 1
3 1 4 2	3 4 1 2	3 4 2 1
4 1 2 3	4 3 1 2	4 3 2 1

所以有 9 种不同方式. （B）

解法 2 这个问题是称为重排的课题的一个特殊情形. 一个重排是 $1,2,\cdots,n$ 的一个排列,使得没有一个数出现在它的原来位置上. 例如,23514 是 12345 的重排而 23541 不是. 以下公式给出了数 $1,2,3,\cdots,n$ 的重排数 $D(n)$,即

$$D(n) = n!\left(1 - \frac{1}{1!} + \frac{1}{2!} - \frac{1}{3!} + \cdots + (-1)^n \frac{1}{n!}\right)$$

这里 $n!$ 称为 n 的阶乘,等于 $n \times (n-1) \times (n-2) \times \cdots \times 3 \times 2 \times 1$ (例如 $4! = 4 \times 3 \times 2 \times 1 = 24$).

所以这个"粗心的工友与四封信"问题是上面公式当 $n = 4$ 时的一个特殊情形,其中

$$\begin{aligned} D(4) &= 4!\left(1 - \frac{1}{1!} + \frac{1}{2!} - \frac{1}{3!} + \frac{1}{4!}\right) \\ &= 24\left(1 - 1 + \frac{1}{2} - \frac{1}{6} + \frac{1}{24}\right) \\ &= 9 \end{aligned}$$

26. 三个裁判员在一次才能评比中必须对三个表

演者 A, B 和 C 公开投票,列出他们的优先次序.有多少种方式使得裁判员投票结果是其中两个裁判的优先次序一致而与第三者不同( ).

A.45　　　　B.90　　　　C.30

D.120　　　E.24

解 有 6 种可能的优先次序.持异议的裁判可以是 3 个裁判之一,且有 6 种不同投票方式.另外两个有 5 种投票方式.所以投票方式总数是 $3 \times 6 \times 5 = 90$.

(B)

27. 如图 17,把 27 个点这样安置在一个立方体上,使得每个角上有一点,每条棱的中点上有一点,每个面的中心上有一点,立方体的中心上有一点.由位于一条直线上的三个点组成的集合有多少个?( ).

A.84 个　　　B.72 个　　　C.49 个

D.42 个　　　E.24 个

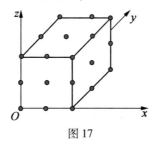

图 17

解法 1 平行于 x 轴有 9 条直线.考虑 y 轴与 z 轴,一起给出 $3 \times 9 = 27$ 条直线.平行于 xy 平面的三个平面中的每一个有两条对角线.考虑 yz 和 zx 平面,一起给出 $3 \times 3 \times 2 = 18$ 条直线.该立方体有 4 条对角线.直线总数等于 $27 + 18 + 4 = 49$.

(C)

解法 2 考虑该立方体的一个面,标号如图 18 所示. 也设 X 表示立方体的中心. 我们计算这面上的,或由此面出发且通过 X 的直线数,也计算在其上这些直线将被计数的面的个数如表 3:

表 3

直线数	直线	计数次数
4	AC, CI, IG, GA	2
4	AI, BH, CG, FD	1
1	从 E 通过 X	2
4	从 B, F, H, D 过 X	4
4	从 A, C, I, G 过 X	6

这样,考虑所有 6 个面,直线的总数是

$$6\left(4 \times \frac{1}{2} + 4 \times 1 + 1 \times \frac{1}{2} + 4 \times \frac{1}{4} + 4 \times \frac{1}{6}\right) = 49$$

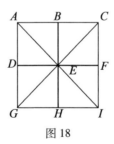

图 18

解法 3 马尼托巴大学的列奥·莫泽对一类似问题(《美国数学月刊》,1948,P. 99,问题 E773)的出色解法,考虑一个 $5 \times 5 \times 5$ 的立方体,装入一个给定的具有单位厚度外壳的 $3 \times 3 \times 3$ 的立方体. 在内部的 $3 \times 3 \times 3$ 的立方体中的得分线向两个方向延长,刺穿外壳上两个单位立方体且外壳中每个单位立方体只被一条得分线所刺穿.这样每条得分线对应于外壳中唯一的一对单位立方体,且得分线数简单地是外壳中单位立方体数的一半,即 $\frac{5^3 - 3^3}{2} = 49$.

注 这方法是完全一般的,对 n 维空间中棱长为 k 的立方体得分线数是 $\frac{(k+2)^n - k^n}{2}$.

第5章 1982年试题

1. 图1表示一个测量仪器的刻度的一部分. 箭头指示的读数是(   ).

A. 25.03   B. 25.15   C. 25.3

D. 25.6   E. 25.25

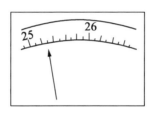

图1

解 25和26之间仪器刻度表上的刻度是0.1. 读数是25.3.   (C)

2. $\dfrac{3}{4} + \left(\dfrac{2}{3} \times \dfrac{1}{4}\right)$ 等于(   ).

A. $\dfrac{1}{8}$ B. $\dfrac{11}{12}$ C. $\dfrac{17}{48}$

D. $\dfrac{5}{16}$ E. $\dfrac{5}{6}$

解 $\dfrac{3}{4} + \left(\dfrac{2}{3} \times \dfrac{1}{4}\right) = \dfrac{3}{4} + \dfrac{2}{12} = \dfrac{9}{12} + \dfrac{2}{12} = \dfrac{11}{12}.$

(B)

3. $3(2x-4y)+5x$ 等于( ).

A. $11x-12y$　　B. $10x-12y$　　C. $11x-4y$

D. $10x-4y$　　E. $10x-7y$

解　$3(2x-4y)+5x = 6x-12y+5x = 11x-12y.$

(A)

4. $9^3 \times 3^2$ 的值是( ).

A. 27^5　　B. 27^6　　C. 3^7

D. 3^8　　E. 3^{12}

解　$9^3 \times 3^2 = (3^2)^3 \times 3^2 = 3^6 \times 3^2 = 3^8.$

(D)

5. 方程 $3(x-4) = 7x-10$ 的解是( ).

A. $\dfrac{1}{2}$　　B. $5\dfrac{1}{2}$　　C. $2\dfrac{1}{5}$

D. $1\dfrac{1}{2}$　　E. $-\dfrac{1}{2}$

解　因 $3(x-4) = 7x-10$,故 $3x-12 = 7x-10$,即 $-2 = 4x$ 或 $x = -\dfrac{1}{2}.$

(E)

6. 如图2,四边形 PQRS 是一个矩形. T 是 PQ 上的一点,使得 PT 的长度为2单位,QR 的长度为3单位. SR 的长度为7单位. △QRT 的面积(以平方单位计)是( ).

A. $10\dfrac{1}{2}$　　B. 14　　C. 6

D. 15　　E. $7\dfrac{1}{2}$

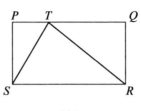

图2

解 将信息画在图3上,我们注意到 $TQ = 7 - 2 = 5$. 所以 $\triangle QRT$ 的面积 $= \dfrac{1}{2} \times 3 \times 5 = 7\dfrac{1}{2}$.

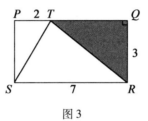

图3

(E)

7. $(0.3)^3 - (0.2)^2$ 等于( ).

A. 0.5   B. 0.23   C. -0.13

D. -0.013   E. 0.05

解 $(0.3)^3 - (0.2)^2 = 0.027 - 0.04 = -0.013$.

(D)

8. 如图4所示,几何体的表面积是( ).

A. 388 cm^2 B. 373 cm^2 C. 365 cm^2

D. 358 cm^2 E. 395 cm^2

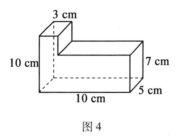

图4

解 如图5,分别在$(x,y),(y,z)$和(x,z)的平面上将各块面积相加

面积 $= (5 \times 10 + 5 \times 7 + 5 \times 3) + 2(3 \times 3 + 7 \times 10) +$
$\qquad (10 \times 5 + 5 \times 7 + 5 \times 3)$
$= 100 + 158 + 100$
$= 358$（cm^2）

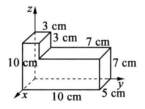

图5

(D)

9.某物质每分钟增加其体积一倍.在上午9时,把少量物质放在一容器内,而在上午10时该容器恰好被全部充满.当容器充满到$\dfrac{1}{4}$时是( ).

A.上午9:15   B.上午9:30   C.上午9:45

D.上午9:50　　E.上午9:58

解 由于每分钟体积增加一倍,它在上午9:59时充满一半,在上午9:58时充满$\frac{1}{4}$.　　　　(E)

10. 用七根火柴以这种方式构造三角形,使得三角形的周长是七根火柴的总长度,可构造出多少个不同的三角形?(　).

A.0个　　　　B.1个　　　　C.2个

D.3个　　　　E.4个

解 七根火柴能组合以下长度:(1,1,5),(1,2,4),(1,3,3) 或(2,2,3).前面的两组不构成三角形(图6),因为两较小边长度的和不大于第三边的长度.因此只存在两个不同的三角形.

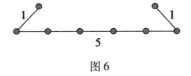

图6

(C)

11. 如图7,给定一个直角三角形,其一边长度是另一边的两倍.该三角形的面积(以平方单位计)是(　).

A.40　　　　B.50　　　　C.$\frac{50}{9}$

D.$\frac{100}{3}$　　E.20

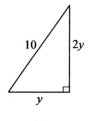

图7

解 由毕达哥拉斯定理，$10^2 = y^2 + (2y)^2 = y^2 + 4y^2$. 所以 $100 = 5y^2$，即 $y^2 = 20$. 所以，面积 $= \dfrac{1}{2} \times$ 底 $\times$ 高 $= \dfrac{1}{2} \times y \times 2y = y^2 = 20$. (E)

12. 一个袋子中包含颜色分别为红、白、蓝和绿的弹子共20颗. 红弹子比白弹子多1颗, 白弹子比蓝弹子多4颗, 而蓝弹子比绿弹子多1颗. 红弹子数是( ).

A. 8 颗   B. 2 颗   C. 7 颗

D. 3 颗   E. 10 颗

解 假设有 x 颗绿弹子，则有 $x+1$ 颗蓝弹子，$x+5$ 颗白弹子和 $x+6$ 颗红弹子. 这样

$$x + (x+1) + (x+5) + (x+6) = 20$$

由此，我们有 $4x + 12 = 20$，从而 $x = 2$. 因而有 $x + 6 = 8$ 颗红弹子. (A)

13. 图8表示一条对角线 PQ 等于 $\sqrt{12}$ 单位的立方体. 这个立方体的体积(按立方单位)是( ).

A. 8   B. 12   C. 24

D. $3\sqrt{12}$ E. $12\sqrt{12}$

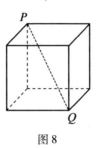

图8

解 如图9所示,标记点 R 和点 S. 设该立方体边长是 x 单位. 由毕达哥拉斯定理,得

$$SQ^2 = RS^2 + RQ^2 = x^2 + x^2 = 2x^2$$

且

$$PQ^2 = PS^2 + SQ^2 = x^2 + 2x^2 = 3x^2 = 12（给定）$$

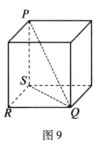

图9

所以, $x^2 = 4, x = 2$ 且该立方体体积 x^3 是8. (A)

14. 我的孩子们的实足年龄之积是1 664. 最小的孩子的年龄至少是最大的孩子的一半. 我是50岁. 我有几个孩子?( ).

A. 2个 B. 3个 C. 4个
D. 5个 E. 6个

解 注意 $1\,664 = 2\times 2\times 2\times 2\times 2\times 2\times 2\times 13 = 2^7 \times 13$,我们可以找到最大孩子的可能年龄从而找到最小孩子的年龄. 由此剩下的孩子年龄之积可推断出:

最大孩子年龄	最小孩子年龄	其余孩子年龄	是否正确？
13	8	16	不
16	8	13	是
16	13	8	不
26	16	4	不
32	26	2	不

由此推出有 3 个孩子,年龄为 16,13 和 8 岁. （ B ）

15. 网球常常放在一个圆柱形容器中,每个容器刚好包含 3 个球,球与容器各面相切(三球的中心在一直线上). 容器被球所占部分的体积与容器的体积之比是多少?(半径为 r 的球体积是 $\dfrac{4}{3}\pi r^3$) （　　）.

A. $\dfrac{2\pi}{3}$　　　　B. $\dfrac{2}{3}$　　　　C. $\dfrac{\pi}{4}$

D. $\dfrac{3}{4}$　　　　E. 以上皆非

解 如图 10,如果 r 是网球的半径,则所求圆柱必有高 $6r$ 和半径 r. 其体积将是 $\pi r^2 (6r) = 6\pi r^3$. 3 个球的体积是 $3 \times \dfrac{4}{3}\pi r^3 = 4\pi r^3$. 所求的体积比是 $\dfrac{4\pi r^3}{6\pi r^3} = \dfrac{2}{3}$.

（ B ）

第 5 章　1982 年试题

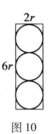

图 10

16. 从 1970 年起我开始收集日历且以后每年我都这样做. 直到以后每一年至少可用一本我已经收集到的日历来代用时,我将停止收集. 我必须收集日历的最后年份是(　　).

　　A. 1983 年　　B. 1984 年　　C. 1997 年

　　D. 1996 年　　E. 2000 年

解　让我们将一周中的 7 天标号为从星期日到星期六. 每年的元旦可能是这 7 天中的任何一天,并且考虑到闰年和非闰年的情况,所以需要 14 本不同日历才能满足要求.

　　4 年一循环包含(366 + 3 × 365) 天或 208 周加 5 天. 如果 1972 年(收集中的第一个闰年)由星期一开始,则随后的几个闰年的第一天是 1976 年星期六, 1980 年星期四,1984 年星期二,1988 年星期日,1992 年星期五,1996 年星期三. 现在已经足够了,只要注意到这些闰年的前一年的日历将提供所需的其余日历: 1971 年从星期日开始,1975 年从星期五开始,1979 年从星期三开始,……,1995 年从星期二开始.(事实上所有非闰年的日历于 1978 年已收集到.)因此日历的

73

收集可于1996年停止.   (D)

17. 如图11,OPQ是一个圆的$\frac{1}{4}$,且在OP和OQ上画半圆.面积a和b是有阴影的部分,$\frac{a}{b}$等于( ).

A. $\frac{1}{\sqrt{12}}$ B. $\frac{1}{2}$ C. $\frac{\pi}{4}$

D. 1 E. $\frac{\pi}{3}$

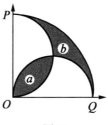

图 11

解 设$\frac{1}{4}$圆OPQ的半径是$2r$,且两个半圆的半径是r.我们观察到$\frac{1}{4}$圆的面积等于OP和OQ上两个半圆的面积加b减a.因此

$$\frac{1}{4}\pi(2r)^2 = \frac{1}{2}\pi r^2 + \frac{1}{2}\pi r^2 + b - a$$
$$\pi r^2 = \pi r^2 + b - a$$

即$a = b$,$\frac{a}{b} = 1$.   (D)

18. 如果x和y是正整数且$x + y + xy = 34$,则$x + y$等于( ).

A. 10　　　B. 12　　　C. 20

D. 34　　　E. 不定

解法1　由
$$x + y + xy = 34 \qquad (1)$$
我们有 $x + xy = 34 - y$,即 $x = \dfrac{34-y}{1+y}$. 由于(1)的左边对 x 和 y 是对称的,从而我们可以限于求满足 $y \leqslant x$ 的解. 代入

y	1	2	3	4	5
x	$\dfrac{33}{2}$	$\dfrac{32}{3}$	$\dfrac{31}{4}$	$\dfrac{30}{5}=6$	$\dfrac{29}{6} < y$

这样 $x + y = 6 + 4 = 10$ 是唯一的解.　　　(A)

解法2　由
$$x + y + xy = 34 \qquad (1)$$
有 $x + 1 + y(x+1) = 35$,即 $(x+1)(y+1) = 35$. 所以可能的因数只有 5 和 7,即 $(x+1) + (y+1) = 12$,即 $x + y = 10$.

19. 一个边长为 1 m 的立方体静止地放在水平地板上. 一只蚂蚁沿地板爬行,碰到该立方体后开始环绕它的竖直面爬行,总是沿与水平面成定角的直线走. 如果一圈之后它正好到达该立方体的顶面,此时所在点的位置刚好在它的起点的正上方,那么在立方体上它走过的路径的长度是(　　).

A. $\sqrt{37}$ m　　　B. 4 m　　　C. $\sqrt{10}$ m

D. $2\sqrt{5}$ m E. $\sqrt{17}$ m

解 如图12,到达顶点时这只蚂蚁在该立方体上走了水平距离4 m和垂直距离1 m.由毕达哥拉斯定理得其路径长度为

$$\sqrt{4^2+1^2}=\sqrt{17} \text{ (m)}$$

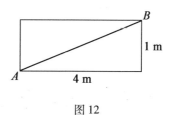

图12

(E)

20.图13中,在占据对顶扇形的两个整数之间有一个线性关系.缺掉的整数的值是( ).

A.23 B.27 C.35
D.41 E.61

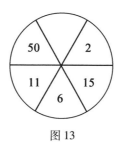

图13

解 我们注意到 $11=3\times 2+5$ 和 $50=3\times 15+5$.如果 N 是缺掉的整数,那么我们或者有 $3\times 6+5=$

第5章 1982年试题

N,给出 $N = 23$,或者有 $3 \times N + 5 = 6$,给出 $N = \frac{1}{3}$. 由于 N 是整数,$N = 23$.   (A)

注 （ⅰ）对这个问题还有另外一个正确答案,虽然它没有提供作为一种备选答案. 这是因为也有线性关系 $2 = 12 \times 11 - 130$ 和 $50 = 12 \times 15 - 130$ 给出一个可能的整数解 $12 \times 6 - 130 = -58$.

（ⅱ）也有两个可能的非整数解.

（ⅲ）在高等数学中术语"线性"正规地可限制于形式为 $y = ax$ 的情形(即通过原点的直线). 术语"仿射"用来包括形式为 $y = ax + b$ 的所有关系.

21. 当三位数 $6a3$ 和 $2b5$ 相加在一起时,其答案是一个被 9 除尽的数. $a + b$ 的可能的最大值是( ).

A. 12   B. 9   C. 2

D. 20   E. 以上皆非

解法1 这两数相加并将其中是 9 的倍数的那些部分分离出来,我们有

$$6a3 + 2b5 = 600 + 10a + 3 + 200 + 10b + 5$$
$$= 808 + 10a + 10b$$
$$= 801 + 9a + 9b + a + b + 7$$
$$= 9(89 + a + b) + (a + b + 7)$$

现由于 $0 \leqslant a \leqslant 9$ 且 $0 \leqslant b \leqslant 9, 0 \leqslant a + b \leqslant 18$. 如果 $a + b + 7$ 被 9 除尽,则 $a + b = 2$ 或 11. 因此可能的最大值是 11.   (E)

解法2 设 $N = 6a3 + 2b5$. 或者 $a + b < 10$, 或者 $a + b \geq 10$. 那么 $N = 8(a+b)8$, 或 $N = 9(a+b-10)8$. 但 $9 \mid N$. 因此 $a + b = 2$ 或 $a + b - 10 = 1$, 且 $a + b = 11$ 是 $a + b$ 可能的最大值.

22. 如图14, 一个正六边形的外接圆的面积为 2π, 则此六边形的面积是( ).

A. 6　　　B. $3\sqrt{3}$　　　C. $\dfrac{\sqrt{3}}{2}$

D. $\sqrt{3}$　　　E. $6\sqrt{3}$

解 考虑一个边长为 r 的等边 $\triangle OAB$, 如果 P 是其底 AB 的中点, 则其高 OP 由 $OP = \sqrt{OA^2 - PA^2} = \sqrt{r^2 - \dfrac{r^2}{4}} = \dfrac{\sqrt{3}r}{2}$. 这样其面积是 $\dfrac{1}{2} \times$ 底 $\times$ 高 $= \dfrac{1}{2} \times r \times \dfrac{\sqrt{3}r}{2} = \dfrac{\sqrt{3}r^2}{4}$.

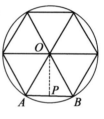

图14

内接于半径为 r 的圆的正六边形面积是 $6 \times \dfrac{\sqrt{3}r^2}{4} = \dfrac{3\sqrt{3}r^2}{2}$. 但由于该圆面积是 $\pi r^2 = 2\pi$, 我们有 $r^2 = 2$, 因此, 该正六边形面积是 $\dfrac{3\sqrt{3} \times 2}{2} = 3\sqrt{3}$. 　　(B)

23. 格雷果里(Gregory)和米歇尔(Michael)在游泳池里进行一系列往返游泳比赛, 人们观察到当米歇尔在第二段上比格雷果里游得快时, 格雷果里在第一段终点时领先. 当米歇尔在第一段终点领先时, 格雷果

里在第二段上比米歇尔游得快.有 9 次比赛其中米歇尔至少在一段上游得比格雷果里快.在 7 个第一段和 6 个第二段上格雷果里游得比米歇尔快.比赛的最少次数是( ).

A. 9 次　　　B. 10 次　　　C. 11 次

D. 12 次　　　E. 13 次

解法 1　用 GM 表示格雷果里在第一段领先而米歇尔在第二段领先的结局的次数;类似地用 GG,MG 和 MM. 现在注意到开始的两句的每一句蕴涵 $MM = 0$. 由其他信息我们有

$$MG + GM = 9 \qquad (1)$$
$$GM + GG = 7 \qquad (2)$$
$$MG + GG = 6 \qquad (3)$$

(1) − (2)

$$MG - GG = 2 \qquad (4)$$

(3) + (4)

$$2MG = 8$$
$$MG = 4$$

由(1)得 $GM = 5$.

由(2)得 $GG = 2$.

比赛的次数是

$$MG + GM + GG + MM = 4 + 5 + 2 + 0 = 11$$

(C)

解法 2　用解法 1 中的同样的记号. 不必计算

MM,MG,GM 和 GG 中的每一个. 如同以前我们注意到开始的两个句子的每一个蕴涵 $MM = 0$. 第三个句子说米歇尔胜的段数等于9. 第四个句子说格雷果里胜的段数等于13. 段的总数因此是 $9 + 13 = 22$,所以比赛数是 $\frac{22}{2} = 11$.

24. 每只羊的价格是40元,每头牛的价格是65元,每只鸡的价格是2元. 如果一个农民购买这些动物共100只,花费了3 279元,则他必定购买了(　　).

A. 35 只羊和多于 42 只鸡

B. 42 只鸡和不定数量的羊和牛

C. 偶数只羊

D. 23 只羊和奇数头牛

E. 31 头牛和 42 只鸡

解 不管买多少只羊,它们的价钱以元计算末位为0. 鸡的价钱是偶数. 由于总价钱末位为9,牛的头数必是奇数,其价钱末位为5,从而鸡的只数必须使得它们的价钱末位为4. 这样有 $2n + 1$ 头牛和 $5m + 2$ 只鸡(m 和 n 是整数). 用减法有 $97 - 2n - 5m$ 只羊. 这些总花费给出

$$3\ 279 = 65(2n + 1) + 2(5m + 2) + \\ 40(97 - 2n - 5m) \\ = 3\ 949 + 50n - 190m$$

所以 $190m - 50n = 670$,因而 $n = \frac{19m - 67}{5}$. 现在如果

分子被5除尽,19m必以7或2结尾,所以m必须以3或8结尾.

如果 $m=3$,则 $n<0$. 不可能.

如果 $m=8$,则 $n=17$,即42只鸡,35头牛,23只羊.

如果 $m=13$,则 $n=36$,即65只鸡,73头牛,动物太多,超过100.

因此,该农民购买了42只鸡,35头牛,23只羊.

(D)

注 有许多解答这个问题的其他方法.

25. 我有两块具有12 h一圈的手表,其中一块每天快1 min,另一块每天慢 $1\frac{1}{2}$ min. 如果我把它们两块都拨准了时间,那么在下一次它们一起表示正确时间之前要经历( ).

A. 288 天   B. 2 880 天   C. 480 天

D. 720 天   E. 1 440 天

解 注意12 h是720 min. 第一块手表在它走快了720 min或其倍数后将报告正确时间. 每天1 min,这需要 $\frac{720}{1}=720$ 或 1 440,或 2 160,或 …… 天. 类似地,第二块手表在它走慢了720 min或其倍数后将表示正确时间. 每天 $1\frac{1}{2}$ min,这需要 $\frac{720}{1\frac{1}{2}}=480$,或960,或1 440,或 …… 天. 它们一起给出正确时间的第一次

是 1 440 天后.   (E)

26. 一副扑克牌共 16 张,其中包含四张 A,四张 K,四张 Q 和四张 J. 把这 16 张牌彻底打乱,而我的对手(他永远说真话)从这副牌中同时随机地抽出两张. 他说:"我至少有一张 A." 在他手中有两张 A 的可能性是( ).

A. $\dfrac{1}{5}$ B. $\dfrac{3}{16}$ C. $\dfrac{1}{6}$

D. $\dfrac{2}{15}$ E. $\dfrac{1}{9}$

解 设 C_1 是牌 1(第一次抽的)且 C_2 是牌 2(第二次抽的).

N_1 = 其中恰好包含一张 A 的牌对的总数
  = 其中(C_1 = 4 张 A 之一,C_2 = 12 张非 A 之一)或(C_1 = 12 张非 A 之一,C_2 = 4 张 A 之一)的牌对数
  = $4 \times 12 + 12 \times 4 = 96$

N_2 = 其中两张都是 A 的牌对的总数
  = 其中(C_1 = 4 张 A 之一,C_2 = 其余三张 A 之一)的牌对数
  = $4 \times 3 = 12$

所以在至少一张是 A 的条件下给出两张 A 的概率 = $\dfrac{N_2}{N_1 + N_2} = \dfrac{1}{9}$.   (E)

27. 今天蒂娜(Tina)和路易斯(Louise)两人同时

庆祝他们的生日.三年后,蒂娜的年龄是路易斯今天的年龄大两岁的四倍.如果路易斯现在是13岁至19岁之间的青少年,则蒂娜的年龄是( ).

A. 17　　　　B. 29　　　　C. 25

D. 21　　　　E. 由已知信息不能确定

解　假设蒂娜和路易斯现在年龄分别是 T 岁和 L 岁. 设问题中当"蒂娜比路易斯今天的年龄大两岁时"所涉及的时间是 x 年以前($x>0$). 关于三年后的年龄的信息得出 $T+3=4(L-x)$,即

$$T = 4L - 4x - 3 \qquad (1)$$

如果我们注意 x 年以前,我们有 $T-2=L+x$,即

$$T = L + x + 2 \qquad (2)$$

方程(1)和(2)给出 $4L-4x-3=L+x+2$,即 $3L=5x+5$,或

$$L = \frac{5(x+1)}{3} \qquad (3)$$

由于 L 是整数,(3)的分子必须被3整除,所以 x 必须是 $x=2,5,8,\cdots$ 中之一. 用方程(2)和(3):

如果 $x=2$,则 $L=5$ 且 $T=9$;

如果 $x=5$,则 $L=10$ 且 $T=17$;

如果 $x=8$,则 $L=15$ 且 $T=25$;

如果 $x=11$,则 $L=20$ 且 $T=33$,等等.

由于已知路易斯是13岁至19岁之间的青少年,蒂娜必是25岁.　　　　　　　　　　　(C)

第6章 1983年试题

1. $5x - 2(4-x)$ 等于( ).

A. $7x - 8$ B. $3x - 8$ C. $7x - 6$

D. $3x - 6$ E. $4x - 8$

解 $5x - 2(4-x) = 5x - 8 + 2x = 7x - 8$.

(A)

2. 如图1所示,直线 l 和 m 平行. x 的值是( ).

A. 140   B. 50   C. 320

D. 180   E. 40

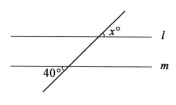

图1

解 由于直线 l 和 m 平行,对顶角和同位角给出 $x = 40$.   (E)

3. $\dfrac{\dfrac{3}{7} + \dfrac{7}{3}}{\dfrac{29}{42}}$ 等于( ).

A. 2   B. 4   C. $\dfrac{29}{21}$

第6章 1983年试题

D. $\frac{21}{29}$ E. $\frac{42}{29}$

解 $\dfrac{\frac{3}{7}+\frac{7}{3}}{\frac{29}{42}} = \dfrac{\frac{9+49}{21}}{\frac{29}{42}} = \dfrac{58}{21} \times \dfrac{42}{29} = 4.$

(B)

4. 三个连续的奇数之和是27,这三个数中的最小者是( ).

A. 11   B. 9   C. 8
D. 7   E. 5

解法1 由检验法得这三个数是7,9和11.

(D)

解法2 设三个奇数是 $n-2, n$ 和 $n+2$,则 $(n-2)+n+(n+2)=27$,即 $3n=27$,即 $n=9$,因而最小数 $n-2$ 的值为7.

5. 6个数的平均值是4.加上第7个数后的新的平均值是5.第7个数是( ).

A. 6   B. 5   C. 10
D. 11   E. 12

解 前面6个数的总数 $6 \times 4 = 24$. 前面7个数的总数 $7 \times 5 = 35$. 所以第7个数是 $35-24=11$. (D)

6. 把15块瓷砖排列成一矩形,如图2所示.一只蚂蚁沿瓷砖的边缘爬行,总保持一块黑瓷砖在其左边.如果瓷砖是边长为10 cm 的正方形,那么该蚂蚁按规则从 P 走到 Q 的最短距离是( ).

A. 80 cm   B. 180 cm   C. 120 cm

D. 320 cm   E. 100 cm

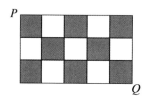

图 2

解 一条最短路如图 3 所示. 它沿 10 条边走. 答案是 (10 × 10) cm = 100 cm.

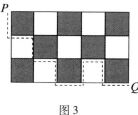

图 3

(E)

7. 以下数中哪一个是 $\dfrac{1\,983}{10\,000}$ 的正平方根的最佳估计值( ).

A. 0.004 5   B. 0.014 1   C. 0.044 5

D. 0.140 8   E. 0.445 3

解 将给定数夹在两个完全平方之间

$$\frac{1\,600}{10\,000} < \frac{1\,983}{10\,000} < \frac{2\,500}{10\,000}$$

取平方根

$$\frac{40}{100} < \sqrt{\frac{1\,983}{10\,000}} < \frac{50}{100}$$

即
$$0.4 < \sqrt{\frac{1\,983}{10\,000}} < 0.5 \qquad (\ E\ )$$

8. 如图 4 所示,矩形 $PQRS$ 的长和宽为 12 cm 和 8 cm. 点 T,U,V 和 W 在各边上,测得各段长度. 求阴影部分的面积(　　).

A. 36 cm^2　　B. 48 cm^2　　C. 42 cm^2

D. 24 cm^2　　E. 60 cm^2

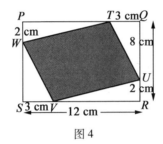

图 4

解　△PTW 的面积 = △RVU 的面积 = $\frac{1}{2} \times 2 \times 9 = 9$（cm^2）

△QTU 的面积 = △SVW 的面积 = $\frac{1}{2} \times 3 \times 6 = 9$（cm^2）

所以,四边形 $TUVW$ 的面积 = $12 \times 8 - 4 \times 9 = 96 - 36 = 60$（cm^2）.　　　　　　（ E ）

9. 一颗 25 克拉的宝石碎成两块. 把两块放在天平上,一边各放一块. 需要另外加一个 9 克拉的宝石才能使两边保持平衡. 较大宝石的质量是(　　).

A. 14 克拉　　B. 17 克拉　　C. 19 克拉

D. $21\frac{1}{2}$ 克拉　　E. 8 克拉

解 设较大的一块质量为 x 克拉,则 $x+(x-9)=25$,即 $2x-9=25$,或 $x=17$. (B)

10. 如果 p 是 0 和 1 之间的一个数,则下列式子中有一个是正确的.它是哪一个( ).

A. $p>\sqrt{p}$ B. $\dfrac{1}{p}>\sqrt{p}$ C. $p>\dfrac{1}{p}$

D. $p^3>p^2$ E. $p^3>p$

解 对 0 与 1 之间的所有 p,该式必须为真.因此它对 $p=\dfrac{1}{4}$ 必为真.(我们选像这样的一个值因为估计 $\sqrt{p}$ 较简单.)试算:

选项 A $\dfrac{1}{4}>\dfrac{1}{2}$,错;

选项 B $4>\dfrac{1}{2}$,对;

选项 C $\dfrac{1}{4}>4$,错;

选项 D $\dfrac{1}{64}>\dfrac{1}{16}$,错;

选项 E $\dfrac{1}{64}>\dfrac{1}{4}$,错. (B)

11. 如果 $a+b=7, b+c=9, a+c=8$,则 abc 等于( ).

A. 60   B. 63   C. 64
D. 27   E. 120

解 所有三个方程相加给出 $2(a+b+c)=24$,即 $a+b+c=12$.因为 $a+b=7$,所以 $c=5$.由 $b+$

$c=9$,故 $a=3$. 又 $a+c=8$,故 $b=4$. 因此 $abc=60$.

(A)

12. 一个熔炉当电源切断时的温度(以 ℃ 为单位)是正常工作温度的 $\frac{3}{4}$. 两小时后熔炉的温度降低了 100 ℃,且这时熔炉的温度是正常工作温度的 $\frac{5}{8}$. 熔炉的正常工作温度是( ).

    A. 100 ℃   B. 400 ℃   C. 600 ℃
    D. 800 ℃   E. 1 000 ℃

解 设正常工作温度是 T ℃,则 $\frac{3}{4}T - 100 = \frac{5}{8}T$,即 $\frac{1}{8}T = 100$ 或 $T = 800$.

(D)

13. 如果 $\frac{1}{x} = \frac{1}{y} + \frac{1}{z}$,则 z 等于( ).

    A. $\frac{xy}{x-y}$ B. $\frac{x-y}{xy}$ C. $x-y$
    D. $\frac{xy}{y-x}$ E. $\frac{y-x}{xy}$

解 如果 $\frac{1}{x} = \frac{1}{y} + \frac{1}{z}$,则 $\frac{1}{z} = \frac{1}{x} - \frac{1}{y} = \frac{y-x}{xy}$,即 $z = \frac{xy}{y-x}$.

(D)

14. 以 60 km/h 行驶的货车的轮子每秒转 4 转. 每个轮子的直径是( ).

    A. $\frac{25}{12\pi}$ m   B. $\frac{6\pi}{25}$ m   C. $\frac{25\pi}{6}$ m
    D. $\frac{100}{6\pi}$ m   E. $\frac{25}{6\pi}$ m

解 如图5,设这轮子的半径为 R,则圆周长是 $2\pi R$. 每秒行驶距离是

$$4 \times 圆周长 = 8\pi R \text{ m}$$
$$= \frac{8\pi R}{1\,000} \text{ km}$$

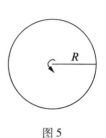

图5

所以每小时行驶的距离是

$$\frac{8\pi R \times 3\,600}{1\,000} \text{ km} = 60 \text{ km}(已给定)$$

所以

$$R = \frac{60 \times 1\,000}{8\pi \times 3\,600} \text{ m} = \frac{25}{12\pi} \text{ m}$$

所以直径是 $\frac{25}{6\pi}$ m.　　　　　　　　　　(E)

15. 一个立方体有多少个对称平面?( ).

A.3 个　　　B.5 个　　　C.6 个

D.9 个　　　E.12 个

解 如图6(a)所示,有3个对称面(平行于棱).如图6(b),有用六条虚线表示的6个对称面.总数等于 $3 + 6 = 9$.

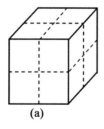 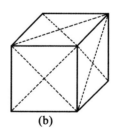

(a)　　　　　(b)

图6

　　　　　　　　　　　　　　　　(D)

第6章　1983年试题

注 以下讨论证实所有情形已包罗无遗. 立方体的八个顶点不可能在一个平面上. 所以给定任一对称面必有一个顶点不在其上. 但因为它是对称面必有一对不同顶点关于此面对称. 注意对称面垂直平分联结这两个顶点的线段. 考虑以下各种可能性:

（ⅰ）(其连线是一条棱的几对顶点.) 这里我们观察到一条棱的垂直平分面也是平行于所考虑的棱的另外三条棱的垂直平分面. 有12条棱, 分成4条平行棱组成的三个集合. 每个这样的集合有一公共垂直平分面.

因此, 存在3个这一类的对称面.

（ⅱ）(其连线是面的对角线的几对顶点.) 立方体的6个面共有12条面对角线, 它分成6个平行对.

因此存在6个这一类的对称面.

（ⅲ）(其连线是立方体的对角线的几对顶点.) 体对角线的垂直平分面不是对称面, 因为体对角线以外的任何顶点的反射点不是顶点. 因此没有这一类的对称面.

因此, 对称面的线数是 $3+6+0=9$.

16. 对整数 a 和 b, 定义 $a*b=a^b+b^a$. 如果 $2*x=100$, 则 x 的值是(　　).

A. 2　　　　B. 3　　　　C. 4

D. 5　　　　E. 6

解 由于 $2*x=2^x+x^2=100$, 只要在数 $100-x^2$ 之间寻找2的幂, 其中 x 是整数. 由表1所示:

表1

x	0	1	2	3	4	5	6	7	8	9	10
$100-x^2$	100	99	96	91	84	75	64	51	36	19	0

显然只有 $x=6$ 满足要求且我们看到 $2^6+6^2=100$.　　　　　　　　　　　　　　　　(E)

17. 在一次 2 000 m 赛跑中,雷莱恩(Raelene)跑到终点时在马乔里(Marjorie)前面 200 m,且在贝蒂(Betty)之前 290 m. 如果马乔里和贝蒂继续以他们的平均速度跑,则当马乔里跑到终点时在贝蒂之前多少米?(　　).

A. 90 m　　　　B. 100 m　　　　C. 120 m

D. 180 m　　　　E. 200 m

解 在赛跑结束时马乔里已跑了 1 800 m 而贝蒂已跑了 1 710 m. 这样当马乔里跑最后的 200 m 时贝蒂跑了外加的

$$\frac{1\ 710}{1\ 800}\times 200=190$$

即 190 m. 这样马乔里跑完时贝蒂已跑了(1 710 + 190) m, 即 1 900 m, 她在马乔里后面 100 m. (B)

18. 在把正方形草坪四边的 4 m 宽的带形上的草割去后,该草坪的 $\frac{3}{4}$ 已经被割完了. 剩下的尚需割草的面积是(　　).

A. $1\frac{7}{9}$ m^2　　　B. 4 m^2　　　　C. 16 m^2

D. 64 m^2　　　E. 192 m^2

解 如图7所示,如果剩下面积是 $x^2 \text{m}^2$,$x^2 = \frac{1}{4}(x+8)^2$,即 $4x^2 = x^2 + 16x + 64$,即 $3x^2 - 16x - 64 = 0$,或 $(3x+8)(x-8) = 0$. 这方程的唯一正解是 $x = 8$. 所以,未割草部分的面积是 8^2,即 64 m^2.

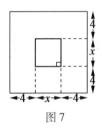

图7

(D)

19. 如果将 7^{1983} 除以100,则余数是(   ).

A. 1　　　　B. 7　　　　C. 43

D. 49　　　E. 57

解法1 注意 $7^2 = 49, 7^3 = 343$ 且 $7^4 = 2\,401$. 则 7^4 的任何幂也以 $\cdots 01$ 结尾. 现

$$7^{1983} = 7^{1980} \times 7^3 = (7^4)^{495} \times 343$$
$$= (\cdots 01) \times 343 = (\cdots 43) \quad\quad (C)$$

解法2 因为 $7^4 = (7^2)^2 = 49^2 = (50-1)^2 = 2\,500 - 100 + 1 = 2\,401$,且 $2\,401 \equiv 1 \pmod{100}$,我们有

$$7^{1983} = 7^{1980} \times 7^3 = (7^4)^{495} \times 343$$
$$\equiv 1 \times 343 \equiv 43 \pmod{100}$$

20. 如图8所示,$\text{Rt} \triangle PQR$,直角在点 Q 上,以其三边为直径作三个半圆. 矩形 $STUV$ 的各边与半圆相切

且平行于 PQ 或 QR. 如果 $PQ = 6$ cm, $QR = 8$ cm, 则 $STUV$ 的面积是( ).

  A. 121 cm^2 B. 132 cm^2 C. 144 cm^2

  D. 156 cm^2 E. 192 cm^2

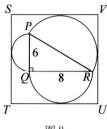

图 8

解 如图 9 所示, 通过 P, R 作水平和垂直的直线, PR 的中点为 M. 两阴影的直角三角形相似于 $\triangle PQR$, 且因 $PR = 10$ cm, 阴影三角形的边长为 $3, 4, 5$, 由 M 引出的两条画出的半径长度为 5 cm. 所以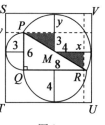

图 9

$3 + y = 4 + x = 5$, 即 $y = 2$ 和 $x = 1$. 所以 ST 的长度等于 $y + 6 + 4 = 12$, 且 TU 的长度是 $3 + 8 + x = 12$. $STUV$ 的面积是 $12 \times 12 = 144 (\text{cm}^2)$.   (C)

21. 如果 n 个连续正整数的和是 105, 则在以下诸数中 n 的值不能是( ).

  A. 3   B. 4   C. 5

  D. 6   E. 7

解 这 n 个整数的平均数必是 $\dfrac{105}{n}$.

第6章 1983年试题

n	平均数	解
3	35	34,35,36 存在
4	$26\frac{1}{4}$	这必须是中间两个整数的平均数. 不可能
5	21	19,20,21,22,23 存在
6	$17\frac{1}{2}$	15,16,17,18,19,20 存在
7	15	12,13,14,15,16,17,18 存在

(B)

22. 一位父亲在遗嘱中将其所有钱按以下方式分给他的孩子:把1 000元给老大,再把余额的$\frac{1}{10}$也给老大,然后把2 000元给老二,再把余额的$\frac{1}{10}$也给老二,然后把3 000元给老三,再把余额的$\frac{1}{10}$也给老三,如此继续下去. 分完后每个孩子得到同样数目的钱. 他有多少个孩子?( ).

A.6个　　　　B.7个　　　　C.8个
D.9个　　　　E.10个

解 设要分派的钱的总数为P元. 只要使老大和老二所得的钱数相等

$$1\,000 + \frac{1}{10}(P - 1\,000)$$
$$= 2\,000 + \frac{1}{10}\Big[P - 2\,000 - \underbrace{\Big(1\,000 + \frac{1}{10}(P - 1\,000)\Big)}_{\text{老大所得钱数}}\Big]$$

有解 $P = 81\,000$. 老大得

$1\,000 + \dfrac{1}{10}(81\,000 - 1\,000) = 1\,000 + 8\,000 = 9\,000$

老二得到

$2\,000 + \dfrac{1}{10}(72\,000 - 2\,000) = 2\,000 + 7\,000 = 9\,000$

如此等等. 由于所有孩子得到相等的数目,有 $\dfrac{81\,000}{9\,000} =$ 9 个孩子. (D)

注 有一个平凡解,1 个孩子,但可以认为这并不与问题的措辞符合.

22. 在 1914 年至 1918 年的战争期间,在意大利波河山谷(Po Valley)发现了一具骸骨,一件损坏的制服和一支戟(不长于 10 ft(1 ft = 0.304 8 m) 的一种武器). 考古学家发现它们是属于一个法国上尉的. 该戟的长度乘该法国上尉被杀死时的那个月份的所有天数,乘该上尉的死期到其骸骨被发现之间的年数的一半,再乘该上尉死时年龄的一半,等于 451 066. 该上尉死于以下哪一战役( ).

A. Torino,1522 年 2 月

B. Cremona,1712 年 3 月

C. Pavia,1512 年 2 月

D. Marengo,1800 年 6 月

E. Castiglione,1796 年 8 月

解 设 h = 戟的长度;

n = 该战役的月份中的所有天数;

p = 死期与发现期之间的年数;

且 a = 该上尉死时的年龄.

则 $h \times n \times \dfrac{p}{2} \times \dfrac{a}{2} = 451\,066$,或 $h \times n \times p \times a = 2^3 \times 7 \times 11 \times 29 \times 101$. 对 n 仅有的可能性是 $n = 28$ 或 $n = 29$. 因此该月必是二月. 首先设 $n = 28$,即 $n = 2^2 \times 7$. 我们注意到 p 不可能是 $2, 29, 11, 22, 58$,也不能是 29×101. 仅有的其他可能性是:

(ⅰ) $p = 2 \times 101$,这种情况下 $a \times h = 29 \times 11$. 但 $a \neq 11$(太年轻) 且 $h \neq 11$(太长).

(ⅱ) $p = 29 \times 11$,这种情况下 $a = 2$ 或 101,这两者均不可能,所以 $n \neq 28$. 因此 n 必须是 29,且这年是闰年. （C）

注 尽管上述理由已足以回答此问题,以下的理由也导致该年是 1512 年. 猜测 p 必须接近于 400,唯一的可能性是 $p = 2^2 \times 101 = 404$. 所以该上尉死于 $1\,914 - 404$ 和 $1\,918 - 404$ 之间,即 1510 年和 1514 年之间,仅有的闰年是 1512 年. 注意,这也给出 $a \times h = 2 \times 7 \times 11$,得出 $a = 22, h = 7$.

23. 美国总统的选举是在其数能被四整除的年份的 11 月第一个星期一后的星期二举行. 墨尔本杯将于每年 11 月第一个星期二进行. 1983 年墨尔本杯将于 11 月 1 日进行. 20 世纪(即 1901 年至 2000 年)有多少次这两事件的日期一致?(　　).

A. 4 次　　　　B. 7 次　　　　C. 25 次

D. 22 次　　　E. 21 次

解 在20世纪有25次总统选举,即在1904,1908,…,2000的每年的一个星期二.这些日子可遍及从11月2日到11月8日,且除了8日外所有的日期会与墨尔本杯重合,因为8日选举时墨尔本杯在1日进行. 1983年墨尔本杯在11月1日进行,因此在1984年将在11月6日进行(如果1984年不是闰年将是11月7日),这将与美国总统选举日重合.容易建立起美国总统选举日的一个循环,因为所考虑的年份的范围内每次相隔4年恰好包含一个闰年.为了得到下一个选举日期或者加2或者减5,给出一个数在$2 \leqslant x \leqslant 8$的范围内(倒退时减2或加5.)这给出总统选举日为

年	日期	年	日期	年	日期	年	日期
1904	8	1932	8	1960	8	1988	8
1908	3	1936	3	1964	3	1992	3
1912	5	1940	5	1968	5	1996	5
1916	7	1944	7	1972	7	2000	7
1920	2	1948	2	1976	2		
1924	4	1952	4	1980	4		
1928	6	1956	6	1984	6		

这25个日期中有21个在$2 \leqslant x \leqslant 7$的范围内.

(E)

24. 如图10,如果外角(x', y', z')按比例是$4:5:6$,则内角(x, y, z)按比例是(   ).

A. $7:5:3$ B. $3:2:1$ C. $4:2:1$

D. $8:5:2$ E. $6:5:4$

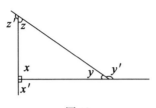

图 10

解 注意 $x + y + z = 180°$ 且 $(x + x') + (y + y') + (z + z') = 3 \times 180° = 540°$. 由于 $4 + 5 + 6 = 15$, 由此得出

$$x' = \frac{4}{15} \times 360° = 96°$$

$$y' = \frac{5}{15} \times 360° = 120° \text{ 和 } z' = \frac{6}{15} \times 360° = 144°$$

所以 $x = 180° - 96° = 84°, y = 180° - 120° = 60°$ 且 $z = 180° - 144° = 36°$. 所求的比是 $84:60:36$ 或 $7:5:3$.

(A)

25. 正整数 x 和 y 的方程 $19x + 83y = 1983$ 的一对解显然是 $(x, y) = (100, 1)$. 可以证明恰有另外一对正整数 (x, y) 满足这个方程. 对这一对解, $x + y$ 的值是 ( ).

A. 27 B. 37 C. 47
D. 57 E. 67

解法 1 可以清楚地看到

$19 \times 100 + 83 \times 1$
$= 19 \times (83 + 17) + 83 \times (20 - 19)$
$= 19 \times 83 + 19 \times 17 + 83 \times 20 - 83 \times 19$
$= 19 \times 17 + 83 \times 20$

消去后可得第二对 $(x,y) = (17,20)$，因而 $x + y = 17 + 20 = 37$.　　　　　　　　　　　　　　　　　(B)

注　上面的关键是引入 19×83 两次，一次有正号，将 100 写成 $83 + 17$，另一次带一个负号，将 1 写成 $20 - 19$.

解法 2　解这问题从头做起(即不利用给出的显然的解 $(100,1)$)，进行如下(由欧几里得法)

$$19x + 83y = 1\,983$$

$$x = 104 - 4y + \frac{7 - 7y}{19} = 104 - 4y + z$$

其中 z 是一整数且 $7y + 19z = 7$，它是一个类似于原方程但系数较小的丢番图方程(即在整数范围内求解的方程). 现在

$$y = 1 - 3z + \frac{2z}{7} = 1 - 3z + v$$

其中 $2z - 7v = 0$，即

$$z = 3v + \frac{v}{2} = 3v + w$$

这里 $v = 2w$，代入，得

$$z = 3v + w = 6w + w = 7w$$

所以

$$y = 1 - 3z + v = 1 - 21w + 2w = 1 - 19w$$

因此

$$x = 104 - 4y + z = 104 - 4(1 - 19w) + 7w$$
$$= 100 + 83w$$

即

$$(x,y) = (100 + 83w, 1 - 19w)$$

第6章 1983年试题

这里 w 是任意整数,给出了原方程的所有整数解.

由于 x 和 y 是正值这个限制,显然限于 $w=0$ 和 -1,得到前面已求得的两组解.

26. 由若干个单位立方体组成一个较大立方体,然后把这个大立方体的某些面涂上油漆.油漆干后,把大立方体拆开成单位立方体,然后发现45个单位立方体的任何一面都没有漆.大立方体有多少面被涂过油漆?( ).

A. 1面   B. 2面   C. 3面

D. 4面   E. 5面

解 注意该较大立方体必是 $4\times4\times4$ 或 $5\times5\times5$,因为对 $3\times3\times3$ 的立方体只包含27个单位立方体,这太小了.而对 $6\times6\times6$ 的立方体,内部的 $4\times4\times4$ 的立方体的64个单位立方体中,没有一个被涂过油漆,且 $64>45$.进一步注意到,一旦大立方体的任何一些面被漆好,移去这些漆过的单位立方体后,剩下的(未漆的)单位立方体构成 $k\times m\times n$ 长方块,所以解法的关键在于将45分解因数成为三个正整数之积,每个小于或等于5,因为大立方体是 $4\times4\times4$ 或 $5\times5\times5$.这只有一种方法可以做到,结果得到 $3\times3\times5$ 块.这只能嵌入到一个 $5\times5\times5$ 立方体,且在这种情况下只有一种办法,围绕四个 3×5 的侧面加一层漆过的立方体.

                                       (D)

第7章 1984年试题

1. 7.3 - 4.9 等于(   ).

A. 3.4　　　B. 4.4　　　C. 2.4

D. 3.6　　　E. 2.6

解　7.3 - 4.9 = 2.4.　　　　　　(C)

2. $2x + 1 - (x - 3)$ 等于(   ).

A. $x - 2$　　　B. $3x - 2$　　　C. $3x + 4$

D. $x - 4$　　　E. $x + 4$

解　$2x + 1 - (x - 3) = 2x + 1 - x + 3 = x + 4.$

(E)

3. 当在计算器上做一系列加法时,一位学生注意到她将加35.95错加成35 095.为了在一步中得到正确答案,她现在应当(   ).

A. 加 35.95　　B. 减 35 059.05　C. 减 35 130.95

D. 加 35 130.95　E. 减 35 095

解　为了纠正错误,该学生必须减35 095再加35.95,即现在的数减(35 095 - 35.95),即减35 059.05.

(B)

4. 在图1中,长度按厘米数标出.给定图形的面积是(   ).

A. 45 cm^2　　B. 35 cm^2　　　C. 41 cm^2

D. 32 cm^2　　E. 55 cm^2

第7章 1984年试题

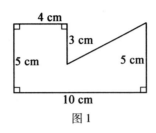

图1

解 总面积是 10×5 的矩形的面积减去底为3、高为6的三角形的面积,即 $10\times 5-\frac{1}{2}\times 3\times 6=50-9=41$.   (C)

5. 积 $\left(1-\frac{1}{2}\right)\left(1-\frac{1}{3}\right)\left(1-\frac{1}{4}\right)\left(1-\frac{1}{5}\right)$ 是 ( ).

A. $\frac{119}{120}$ B. $\frac{5}{7}$ C. $2\frac{43}{60}$

D. $\frac{1}{5}$ E. $\frac{1}{120}$

解 $\left(1-\frac{1}{2}\right)\left(1-\frac{1}{3}\right)\left(1-\frac{1}{4}\right)\left(1-\frac{1}{5}\right)=\frac{1}{2}\times\frac{2}{3}\times\frac{3}{4}\times\frac{4}{5}=\frac{1}{5}.$ (D)

6. 两对夫妻一起坐在一张公园长椅上,摆出拍照的姿势.如果没有一对夫妻愿意分开坐,不同可能的座位排列数是( ).

A. 1 B. 2 C. 3
D. 4 E. 8

解 设 A 对的成员是 A_1, A_2,B 对的成员是 B_1, B_2,则排列是

103

$$A_1A_2B_1B_2 \qquad B_1B_2A_1A_2$$
$$A_1A_2B_2B_1 \qquad B_1B_2A_2A_1$$
$$A_2A_1B_1B_2 \qquad B_2B_1A_1A_2$$
$$A_2A_1B_2B_1 \qquad B_2B_1A_2A_1$$

即共有 8 种排列. (E)

7. 用来乘 504 使得乘积为完全平方的最小正整数是( ).

A. 2　　B. 6　　C. 7

D. 14　　E. 56

解 $504 = 2 \times 2 \times 2 \times 3 \times 3 \times 7$. 为了构成完全平方,504 必须至少乘以 $2 \times 7 = 14$. (D)

8. 把一个四边形的四条边延长以做出外角,其大小如图 2 所示. x 的值是( ).

A. 100　　B. 90　　C. 80

D. 75　　E. 70

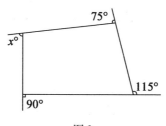

图 2

解法 1 四边形的内角是 $(180-x)°$,$105°$,$90°$ 和 $65°$,我们得 $180 - x + 105 + 90 + 65 = 360$,即 $x = 440 - 360 = 80$. (C)

解法 2 一条直线旋转经过任何(凸)多边形的

所有外角,刚好转了一整圈,即360°.因此将给出图形的外角相加,给出 $x+90+115+75=360$,即 $x=80$.

9. 作为汽车的燃料消耗指标,通常采用行驶100 km所需燃料的升数.我的汽车行驶12.5 km用了1 L汽油,我的汽车行驶100 km需用多少升汽油?( ).

  A. 8 L   B. 7 L   C. 5 L

  D. 12.5 L   E. 10 L

解 $12.5 \text{ km/L} = \frac{1}{12.5}\text{L/km} = \frac{100}{12.5}\text{L}/100 \text{ km}$

      $= 8 \text{ L}/100 \text{ km}$ (A)

10. PQ 和 QR 是一个立方体的两个面上的对角线,如图3所示. $\angle PQR$ 是( ).

  A. 120°   B. 45°   C. 60°

  D. 75°   E. 90°

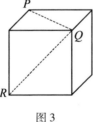

图3

解   注意 $\triangle PQR$ 是等边三角形,因此 $\angle PQR = 60°$.   (C)

11. 图4中格子点的位置的间距为1 cm.这封闭图形的面积是( ).

  A. 50.0 cm²   B. 50.5 cm²   C. 51.0 cm²

D. 51.5 cm²   E. 52.0 cm²

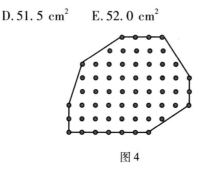

图 4

解 如图 5，用一个 9×7 的矩形包围该区域，可看出该总面积是 63 - (3 个底为 2，高为 3 的三角形 P 的面积) - (2×1 的矩形 Q 的面积) - (底为 1，高为 3 的三角形 R 的面积) = $63 - 3 \times \dfrac{1}{2} \times 2 \times 3 - 2 \times 1 - \dfrac{1}{2} \times 3 = 63 - 9 - 2 - 1.5 = 50.5$.

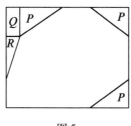

图 5   (B)

12. 如图 6，$PQRS$ 是一个半径为 r 的圆的直径. PQ，QR，RS 的长度相等. 在 PQ 和 QS 上画半圆构造出一个如图 6 所示的阴影图形. 此阴影图形的周长是 ( ).

A. $2\pi r$ B. $\dfrac{4\pi r}{3}$ C. $\dfrac{5\pi r}{3}$

第7章　1984年试题

D. $\dfrac{3\pi r}{2}$　　　E. $\dfrac{31\pi r}{18}$

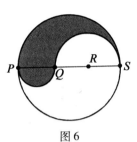

图6

解　一个圆的周长是 $2\pi r$. 所以阴影区域的周长是 $\pi r + \pi\dfrac{r}{3} + \pi\dfrac{2r}{3} = \pi r\left(1 + \dfrac{1}{3} + \dfrac{2}{3}\right) = 2\pi r$.

(A)

13. 如果 $100^{25} - 25$ 的结果写成十进制数，则该数中的数字之和是(　　).

A. 219　　　B. 444　　　C. 432

D. 453　　　E. 462

解　100^{25} 是 1 后面跟着 50 个 0. $100^{25} - 25$ 是 48 个 9 后面跟着 75（即 999⋯9 975）. 各位数字之和是 $48 \times 9 + 7 + 5 = 432 + 12 = 444$.　　(B)

14. 整数 N 是一个平方的平方且有因数 18. $\dfrac{N}{18}$ 的最小值是(　　).

A. 36　　　B. 48　　　C. 72

D. 2　　　E. 18

解　如果 N 有因数 $18(= 2 \times 3^2)$ 且是一个平方的平方，N 的最小值是 $2^4 \times 3^4$ 或 $2 \times 3^2 \times 2^3 \times 3^2$. 因此

$\frac{N}{18}$ 的最小值是 $2^3 \times 3^2 = 72$.　　　　　　(C)

15. 如图 7,在点 P 与两同心圆中较小者相切的切线交外圆于 Q 和 R. QR 的长度为 14 cm. 两圆之间的阴影区域的面积是(　　).

A. 196π cm^2　　B. 49π cm^2　　C. $\frac{49\pi}{4}$ cm^2

D. 49 cm^2　　E. 由给定信息不能确定

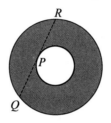

图 7

解　如图 8,设小圆和大圆半径分别为 r_1 和 r_2. O 是两圆的共同中心, $\triangle OPR$ 是直角三角形,直角在 P. 因此,由毕达哥拉斯定理, $r_1^2 + 7^2 = r_2^2$,即 $r_2^2 - r_1^2 = 49$. 而圆环面积是 $\pi r_2^2 - \pi r_1^2 = \pi(r_2^2 - r_1^2) = 49\pi$ cm^2.

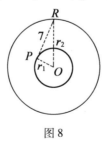

图 8

(B)

注　假设答案由给出的信息决定,借助于考虑退化情形可得到正确答案.这就是说,当无阴影的圆有零半径的情形.那么阴影圆的直径是 14 cm,答案是 $49\pi \text{ cm}^2$.

16. 在保龄球比赛的最近一局中凯恩(Ken)得 199 分,从而把若干局的平均分由 177 提高到 178.为了把他的平均分提高到 179,下一局他必须得分(　　).

　　A. 179　　　　B. 180　　　　C. 199

　　D. 200　　　　E. 201

解　设凯恩已玩了 n 局,则

$$\frac{177n + 199}{n+1} = 178$$

这样 $177n + 199 = 178n + 178$,或 $n = 21$. 如果 x 是他的下一个分数,则

$$\frac{178 \times 22 + x}{23} = 179$$

所以

$$\begin{aligned}
x &= 23 \times 179 - 22 \times 178 \\
&= 22 \times 179 + 179 - 22 \times 178 \\
&= 22 \times 1 + 179 \\
&= 201 \quad\quad\quad\quad\quad\quad (\text{ E })
\end{aligned}$$

17. 凯塞琳(Kathryn)的钱包里有 20 个硬币.它们是 10 分、20 分和 50 分硬币,且这些硬币的总值是 5 元.如果她所有的 50 分硬币个数多于 10 分硬币,则她有多少个 10 分硬币?(　　).

　　A. 4 个　　　B. 9 个　　　C. 2 个

　　D. 7 个　　　E. 5 个

解　设 50 分硬币数为 x,20 分硬币数为 y.则

$$50x + 20y + 10[20-(x+y)] = 500$$

即

$$5x + 2y + 20 - x - y = 50$$

$$4x + y = 30$$

因一共有 20 个硬币,可能性如表 1:

表 1

50 分(x)	20 分(y)	10 分
4	14	2
5	10	5
6	6	8
7	2	11

第一行给出了 50 分硬币多于 10 分硬币的唯一可能性.

(C)

18. 如图 9,$FGHI$-$JKLM$ 是边长为 1 m 的立方体. P,Q,R,S,T,U 分别是 FI,FJ,JK,KL,LH,HI 的中点. 六边形 $PQRSTU$ 的面积是(　　).

A. $\dfrac{3\sqrt{3}}{4}$ m^2　　B. $\dfrac{3}{4}$ m^2　　C. $\dfrac{3\sqrt{3}}{2}$ m^2

D. $\dfrac{1}{4\sqrt{3}}$ m^2　　E. $\dfrac{\sqrt{3}}{8}$ m^2

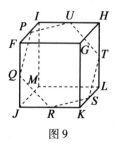

图 9

解 PQRSTU 是正六边形.每边的长度是

$$\sqrt{\left(\frac{1}{2}\right)^2+\left(\frac{1}{2}\right)^2}=\frac{1}{\sqrt{2}}$$

这六边形可考虑为由六个三角形组成,每个的面积为 $\left(\frac{1}{2}\times\frac{1}{\sqrt{2}}\times\frac{\sqrt{3}}{2\sqrt{2}}\right)$ m², 即 $\frac{\sqrt{3}}{8}$ m². 因此总面积是 $\frac{6\sqrt{3}}{8}$ m², 即 $\frac{3\sqrt{3}}{4}$ m². (A)

19. 基尔斯登(Kirsten)跑步的速度是步行速度的两倍.有一天当她去学校时,步行时间是跑步时间的两倍,共花了 20 min. 第二天,她跑步的时间是步行时间的两倍.第二天她去学校花了多少分钟?( ).

A. 16 min B. 15 min C. $13\frac{1}{3}$ min

D. 18 min E. 由给定信息不能确定

解 设基尔斯登步行的速度是 v 单位,且她跑步的速度是 $2v$ 单位.第一天她跑步的时间占 $\frac{1}{3}$ (即 $\frac{20}{3}$ min),步行的时间占 $\frac{2}{3}$ (即 $\frac{40}{3}$ min). 从家到学校的距离 d 等于

$$2v\times\frac{20}{3}+v\times\frac{40}{3}=\frac{40v}{3}+\frac{40v}{3}=\frac{80v}{3}$$

第二天设她所经历的时间为 $3t$ min, t min 花在步行而 $2t$ min 花在跑步上.因此由上所述

$$d=2t\times 2v+t\times v=\frac{80v}{3}$$

这样
$$5tv = \frac{80v}{3}$$
给出
$$3t = \frac{80}{3} \times \frac{3}{5} = 16 \qquad (\text{A})$$

20. 一个不规则三角形(即无两边相等的三角形)的每边的长度以厘米计是整数. 如果该三角形的周长是13 cm,则这样的不同三角形的个数是( ).

A.1个 B.2个 C.3个

D.4个 E.大于4个

解 在一个三角形中最长边的长度,称为 l,小于其他两边之和,或等价地小于周长的一半. 因此 $l < 6\frac{1}{2}$ cm,由于边长是整数,即 $l \leqslant 6$ cm. 如果 $l = 6$ cm,则其他两边可能是5 cm和2 cm,或4 cm和3 cm. 如果 $l < 6$ cm,即 $l \leqslant 5$ cm,其他两边必有和8 cm或更大. 因此第二长边有长度5 cm或更大,但就不是第二长边. 所以(6,5,2)和(6,4,3)代表了仅有的可能的三角形. (B)

21. 如果 a,b 和 c 是从1到9(包含两端)中的不同整数,则 $\dfrac{a+b+c}{abc}$ 的可能的最大值是( ).

A.2 B.$\dfrac{3}{4}$ C.$\dfrac{1}{21}$

D.1 E.$\dfrac{4}{3}$

解 比如说,在 $a = 1, b = 2$ 和 $c = 3$ 的情况,可

第 7 章　1984 年试题

以达到值为 1. 以下的讨论证明不能超过 1. 分子可达到的最大值是 24(例如在 $a=7,b=8,c=9$ 的情况). 所以我们只需考虑分母小于 24 的情况,这些如表 2：

表 2

a	b	c	$a+b+c$	abc
1	2	3	6	6
		4	7	8
		5	8	10
		6	9	12
		7	10	14
		8	11	16
		9	12	18
1	3	4	8	12
		5	9	15
		6	10	18
		7	11	21
1	4	5	10	20

在这些情况下 $a+b+c<abc$,而在其他所有情况 $abc\geqslant 24$ 同时 $a+b+c\leqslant 24$.　　　　(D)

22. 凸多边形是每一内角均小于 $180°$ 的多边形. 以下哪一个数不可能是凸多边形的对角线数(　　).

A.9　　　　B.27　　　　C.45

D.54　　　　E.5

解法 1　一个 n 边凸多边形的每一顶点到 $n-3$ 个其他顶点(即除了它本身和两相邻顶点外的所有顶点)各有一条对角线联结. 考虑所有 n 个顶点且注意

每条对角线被碰到两次,对角线数等于$\frac{n(n-3)}{2}$. 这导出表3:

表3

n	4	5	6	7	8	9	10	11	12
对角线数	2	5	9	14	20	27	35	44	54

给出的选择中,只有45不可能.   (C)

解法2 在凸多边形中,每条联结非邻顶点的直线是对角线. 设一个 n 边凸多边形的对角线数为 $D(n)$. 设 AB 是 n 边凸多边形的一条边,且用一新顶点 C 构成一个 $n+1$ 边多边形,如图10所示. 将有 $n-2$ 条新对角线联结 C 与相邻顶点 A 和 B 以外的所有其他顶点. AB 也成为这较大多边形的一条内部对角线. 这样
$$D(n+1) = D(n) + (n-2) + 1 = D(n) + n - 1$$
现 $D(3) = 0$,这导出表4:

表4

n	3	4	5	6	7	8	9	10	11	12
$D(n)$	0	2	5	9	14	20	27	35	44	54

给定的选择中,45不是 $D(n)$ 的值.

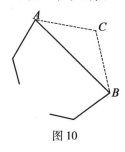

图10

23. 如图 11，△PVY 是边长为 3 cm 的等边三角形．Q,R,S,U,W,X 将原三角形的边分成单位长度，这样 PQ,QS 和 SV 每段长度为 1 cm．T 是直线 QX,SU,RW 的公共交点．QX ∥ PY，RW ∥ PV 且 SU ∥ VY．10 个点 $P,\cdots,Y$ 中，成为等边三角形顶点的三个点组成的集合有（　　）．

  A. 10 个   B. 13 个   C. 12 个
  D. 9 个   E. 15 个

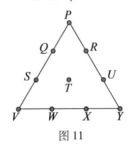

图 11

解 不同边长的等边三角形：

3 cm：△PVY；

2 cm：△PSU，△QVX，△RWY；

$\sqrt{3}$ cm：△QUW，△SRX；

1 cm：△PQR，△QST，△QRT，△RTU，△SVW，△SWT，△TWX，△TUX，△UXY．

  因此总数是 $1+3+2+9=15$． （　E　）

24. 阿尔贝特（Albert）、伯纳德（Bernard）、查尔斯（Charles）、丹尼尔（Daniel）和艾里（Ellie）玩一种游戏，其中每个人充当青蛙或袋鼠．青蛙说的总是假的而袋鼠说的总是真的．

  阿尔贝特说伯纳德是袋鼠；

查尔斯说丹尼尔是青蛙;

艾里说阿尔贝特不是青蛙;

伯纳德说查尔斯不是袋鼠;

丹尼尔说艾里和阿尔贝特是不同动物.

有多少只青蛙(　　).

A.1只　　　B.2只　　　C.3只

D.4只　　　E.5只

解　设单箭头表示"……说……是袋鼠",且双箭头表示"……说……是青蛙".然后我们有

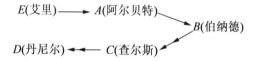

假设艾里是袋鼠,则他说的是真话.

因此,阿尔贝特是袋鼠,伯纳德是袋鼠,查尔斯是青蛙,且丹尼尔是袋鼠.

但这是不可能的,因为艾里和阿尔贝特两者都是袋鼠与丹尼尔所说矛盾.这证明艾里不是袋鼠而是青蛙.艾里是青蛙,所说是假话.

因此,阿尔贝特是青蛙,伯纳德是青蛙,查尔斯是袋鼠,且丹尼尔是青蛙.有4只青蛙.　　　　(　D　)

25.出售 X,Y 和 Z 三种物品.物品 X 售价为1元8件.物品 Y 每件1元而物品 Z 每件10元.你选购了所有这三种物品,一共刚巧买了100件,共100元.所购买 Y 种物品的件数是(　　).

A.14　　　B.18　　　C.20

D.21　　　E.24

解 设 x, y, z 分别是所购 X, Y, Z 三种物品的件数,即

$$x + y + z = 100 \text{（件数方程）}$$

和

$$\frac{1}{8}x + y + 10z = 100 \text{（钱数方程）}$$

所以

$$x + y + z = 100 \qquad (1)$$

$$\frac{x}{8} + y + 10z = 100 \qquad (2)$$

从 (1) - (2) 给出 $\frac{7}{8}x - 9z = 0$,即 $x = \frac{72}{7}z$. 代回 (1) 和 (2) 得出

$$\frac{72}{7}z + y + z = 100$$

和

$$\frac{9}{7}z + y + 10z = 100$$

其中每一方程等价于方程

$$\frac{79}{7}z + y = 100$$

对 z 唯一可取的非零解则是 $z = 7$,由此得出 $y = 100 - 79 = 21$ 和 $x = 72$. (D)

26. 把一些点排列在包含 4 行和 n 列的矩形网格中. 考虑用不同方法为点涂色,每点或者涂黄色或者涂绿色. 如果其中任何四个同样颜色的点都不能构成具有水平和垂直边的矩形(或正方形),称该图的涂色为"好"的. 允许该图成为"好"涂色的最大 n 值是

( ).

  A.7   B.4   C.5

  D.6   E.8

解 由于从 4 个可能对象中选取两个的方式数 $\binom{4}{2}$ 是 $\frac{4\times 3}{2\times 1}=6$，$4\times 6$ 阵列可如下所示那样涂色，给出四角为不同样颜色的矩形：

   黄 黄 黄 绿 绿 绿

   黄 绿 绿 黄 黄 绿

   绿 黄 绿 黄 绿 黄

   绿 绿 黄 绿 黄 黄

  没有更大的矩形能这样涂色. 假设它能这样涂色. 如果它有一列具有 4 个绿色点,则没有其他列能包含多于一个绿色点. 所以至少两列具有至少 3 个黄色点就包含一个黄矩形,对 $n\geqslant 3$,得出矛盾. 现假设没有一列有同样颜色的 4 个点,但有一列包含 3 个绿色点. 其他列不能包含 3 个绿色点；至多 3 个其他列能包含两个绿色点；不可能再有不构成黄色矩形的其他列. 所以 $n\leqslant 4$,矛盾. 所以每列有每种颜色的两点.

            (D)

编辑手记

数学竞赛是一项吸引人的活动,著名数学家 M. Gardner 指出:初学者解答一个巧题时得到了快乐,数学家解决了更先进的问题时也得到了快乐,在这两种快乐之间没有很大的区别.二者都关注美丽动人之处——即支撑着所有结构的那匀称的,定义分明的,神秘的和迷人的秩序.

由于中国数学奥林匹克如同乒乓球和围棋一样在世界享有盛誉,所以有关数学竞赛的书籍也多如牛毛,但这是本工作室首次出版澳大利亚的数学竞赛题解.

澳大利亚笔者没有去过,但与之相邻的新西兰笔者去过多次,虽然新西兰

澳大利亚中学数学竞赛试题及解答(中级卷)1978—1984

也出过菲尔兹奖得主即琼斯——琼斯多项式的提出者,但整体上数学教育水平还是澳大利亚略高一筹.以至于新西兰中小学生参加的数学竞赛还是使用澳大利亚的竞赛题目,按说从历史上看新西兰的早期移民大多是欧洲的贵族,而澳大利亚居民大多是被发配的罪犯,经过百年的历史演变可以看出社会制度的威力,这是值得我们深思的.再一个可供我们反思的是澳大利亚慢生活的魅力.我们近四十年来,高歌猛进,大干快上,锐意进取,岁月匆匆.

回顾历史,19世纪的欧洲,大量的娱乐时间意味着一个人的社会地位很高:一位哲学家曾这样描述1840年前后巴黎文人、学士的生活——他们的时间十分富余,以至于在游乐场遛乌龟成了一件非常时髦的事情,类似的项目在澳大利亚还能找到.

摘一段《数学竞赛史话》(单壿著,广西教育出版社,1990.)中关于澳大利亚数学竞赛的介绍.

第29届IMO于1988年在澳大利亚首都堪培拉举行.

这一届IMO有49个国家和地区参加,选手达到268名.规模之大超过以往任何一届.

这一年,恰逢澳大利亚建国200周年,整个IMO的活动在十分热烈、隆重的气氛中进行.

这是第一次在南半球举行的IMO,也是

第一次在亚洲地区和太平洋沿岸地区举行的 IMO. 参赛的非欧洲国家和地区有 25 个，第一次超过了欧洲国家(24 个).

东道主澳大利亚自 1971 年开展全国性的数学竞赛，并且在 70 年代末成立了设在国家科学院之下的澳大利亚数学奥林匹克委员会，该委员会专门负责选拔和培训澳大利亚参加 IMO 的代表队. 澳大利亚各州都有一名人员参加这个委员会的工作. 澳大利亚自 1981 年起，每年都参加 IMO. IMO(物理、化学奥林匹克)的培训都在堪培拉高等教育学院进行. 澳大利亚数学会一直对这个活动给予经费与业务方面的支持和帮助. 澳大利亚 IBM 有限公司每年提供赞助.

早在 1982 年，澳大利亚数学会及一些数学界、教育界人士就提出在 1988 年庆祝该国建国 200 周年之际举办 IMO. 澳大利亚政府接受了这一建议，并确定第 29 届 IMO 为澳大利亚建国 200 周年的教育庆祝活动. 在 1984 年成立了"澳大利亚 1988 年 IMO 委员会". 委员会的成员包括政府、科学、教育、企业等各界人士. 澳大利亚为第 29 届 IMO 做了大量准备工作，政府要员也纷纷出马. 总理霍克与教育部部长为举办 IMO 所印的宣传册等写祝词. 霍克还出席了竞赛的颁奖仪式，他亲自为荣获金奖(一等奖)的 17 位中学生(包括我国的何宏宇和陈晞)颁奖,并发表了热情洋溢的讲话.竞赛期间澳大利亚国土部部长在国会大厦为各国领队举行了招待会,国家科学院院长也举办了鸡尾酒会.竞赛结束时,教育部部长设宴招待所有参加 IMO 的人员.澳大利亚数学界的教授、学者也做了大量的组织接待及业务工作,为这届 IMO 作出了巨大的贡献.竞赛地点在堪培拉高等教育学院.组织者除了堪培拉的活动外,还安排了各代表队在悉尼的旅游.澳大利亚 IBM 公司将这届 IMO 列为该公司 1988 年的 14 项工作之一,它是这届 IMO 的最大的赞助商.

竞赛的最高领导机构是"澳大利亚 1988 年 IMO 委员会",由 23 人组成(其中有 7 位教授,4 位博士).主席为澳大利亚科学院院士、亚特兰大大学的波茨(R. Potts)教授.在 1984 年至 1988 年期间,该委员会开过 3 次会来确定组织机构、组织方案、经费筹措等重大问题.在 1984 年的会议上决定成立"1988 年 IMO 组织委员会",负责具体的组织工作.

组委会共有 13 人(其中有 3 位教授,4 位博士),主席为堪培拉高等教育学院的奥哈伦(P. J. O'Halloran)先生,波茨教授也是组委会委员.

编辑手记

组委会下设 6 个委员会.

1. 学术委员会

主席由组委会委员、新南威尔士大学的戴维·亨特(D. Hunt)博士担任. 下设两个委员会:

(1)选题委员会. 由 6 人组成(包括 3 位教授,1 位副教授和 1 位博士. 其中有两位为科学院院士). 该委员会负责对各国提供的赛题进行审查、挑选,并推荐其中的一些题目给主试委员会讨论.

(2)协调委员会. 由主任协调员 1 人,高级协调员 6 人(其中有两位教授,1 位副教授,1 位博士),协调员 33 人(其中有 5 位副教授,18 位博士)组成. 协调员中有 5 位曾代表澳大利亚参加 IMO 并获奖. 协调委员会负责试卷的评分工作:分为 6 个组,每组在 1 位高级协调员的领导下核定一道试题的评分.

2. 活动计划委员会

该委员会有 70 人左右,负责竞赛期间各代表队的食宿、交通、活动等后勤工作. 给每个代表队配备 1 位向导. 向导身着印有 IMO 标记的统一服装. 各队如有什么要求或问题均可通过向导反映. IMO 的一切活动也由向导传送到各代表队.

3. 信息委员会

负责竞赛前及竞赛期间的文件的编印,

准备奖品和证书等.

4. 礼仪委员会

负责澳大利亚政府为 1988 年 IMO 组织的庆典仪式、宴会等活动. 由内阁有关部门、澳大利亚数学基金会、首都特区教育部门、一些院校及社会公益部门的人员组成.

5. 财务委员会

负责这届 IMO 的财务管理. 由两位博士分别担任主席和顾问, 一位教授任司库.

6. 主试委员会(Jury, 或译为评审委员会)

由澳大利亚数学界人士和各国或地区领队组成. 主席为波茨教授. 别设副主席、翻译、秘书各 1 位.

主试委员会为 IMO 的核心. 有关竞赛的任何重大问题必须经主试委员会表决通过后才能施行, 所以主席必须是数学界的权威人士, 办事果断并具有相当的外交经验.

以上 6 个委员会共约 140 人, 有些人身兼数职. 各机构职能分明又互相配合.

这届竞赛活动于 1988 年 7 月 9 日开始. 各代表队在当日抵达悉尼并于当日去新南威尔士大学报到. 领队报到后就离开代表队住在另一个宾馆, 并于 11 日去往堪培拉. 各代表队在副领队的带领下由澳大利亚方面安排在悉尼参观游览, 14 日去往堪培拉, 住

编辑手记

在堪培拉高等教育学院.

领队抵达堪培拉后,住在澳大利亚国立大学,参加主试委员会,确定竞赛试题,译成本国文字.在竞赛的第二天(16 日)领队与本国或本地区代表队汇合,并与副领队一起批阅试卷.

竞赛在 15、16 日两天上午进行,从 8:30 开始,有 15 个考场,每个考场有 17 至 18 名学生.同一代表队的选手分布在不同的考场.比赛的前半小时(8:30 - 9:00)为学生提问时间.每个学生有三张试卷,一题一张;又有三张专供提问的纸,也是一题一张.试卷和问题纸上印有学生的编号和题号.学生将问题写在问题纸上由传递员传送.此时领队们在距考场不远的教室等候.学生所提问题由传递员首先送给主试委员会主席过目后,再交给领队.领队必须将学生所提问题译成工作语言当众宣读,由主试委员会决定是否应当回答.领队的回答写好后,必须当众宣读,经主试委员会表决同意后,再由传递员送给学生.

阅卷的结果及时公布在记分牌上.各代表队的成绩如何,一目了然.

根据中国香港代表队的建议,第 29 届 IMO 首次设立了荣誉奖,颁发给那些虽然未能获得一、二、三等奖,但至少有一道题得到满分的选手. 于是有 26 个代表队的 33 名选手获得了荣誉奖,其中有 7 个代表队是没有获得一、二、三等奖的. 设置荣誉奖的做法,显然有利于调动更多国家或地区、更多选手的积极性.

在整个竞赛期间,澳大利亚工作人员认真负责,彬彬有礼,效率之高令人赞叹!

为了表达对大家的感谢,荷兰领队 J. Noten boom 教授完成了一件奇迹般的工作,他用 200 个高脚玻璃杯组成了一个大球(非常优美的数学模型!),在告别宴会上赠给组委会主席奥哈伦教授.

单墫教授当年在这本著作出版后即赠了一本给笔者,二十多年过去了,这本书仍留在笔者的案头上,听说最近又要再版了.

寥寥数语,是以为记.

刘培杰

2019.2.21

于哈工大

刘培杰数学工作室
已出版(即将出版)图书目录——初等数学

书　名	出版时间	定　价	编号
新编中学数学解题方法全书(高中版)上卷(第2版)	2018—08	58.00	951
新编中学数学解题方法全书(高中版)中卷(第2版)	2018—08	68.00	952
新编中学数学解题方法全书(高中版)下卷(一)(第2版)	2018—08	58.00	953
新编中学数学解题方法全书(高中版)下卷(二)(第2版)	2018—08	58.00	954
新编中学数学解题方法全书(高中版)下卷(三)(第2版)	2018—08	68.00	955
新编中学数学解题方法全书(初中版)上卷	2008—01	28.00	29
新编中学数学解题方法全书(初中版)中卷	2010—07	38.00	75
新编中学数学解题方法全书(高考复习卷)	2010—01	48.00	67
新编中学数学解题方法全书(高考真题卷)	2010—01	38.00	62
新编中学数学解题方法全书(高考精华卷)	2011—03	68.00	118
新编平面解析几何解题方法全书(专题讲座卷)	2010—01	18.00	61
新编中学数学解题方法全书(自主招生卷)	2013—08	88.00	261
数学奥林匹克与数学文化(第一辑)	2006—05	48.00	4
数学奥林匹克与数学文化(第二辑)(竞赛卷)	2008—01	48.00	19
数学奥林匹克与数学文化(第二辑)(文化卷)	2008—07	58.00	36'
数学奥林匹克与数学文化(第三辑)(竞赛卷)	2010—01	48.00	59
数学奥林匹克与数学文化(第四辑)(竞赛卷)	2011—08	58.00	87
数学奥林匹克与数学文化(第五辑)	2015—06	98.00	370
世界著名平面几何经典著作钩沉——几何作图专题卷(上)	2009—06	48.00	49
世界著名平面几何经典著作钩沉——几何作图专题卷(下)	2011—01	88.00	80
世界著名平面几何经典著作钩沉(民国平面几何老课本)	2011—03	38.00	113
世界著名平面几何经典著作钩沉(建国初期平面三角老课本)	2015—08	38.00	507
世界著名解析几何经典著作钩沉——平面解析几何卷	2014—01	38.00	264
世界著名数论经典著作钩沉(算术卷)	2012—01	28.00	125
世界著名数学经典著作钩沉——立体几何卷	2011—02	28.00	88
世界著名三角学经典著作钩沉(平面三角卷Ⅰ)	2010—06	28.00	69
世界著名三角学经典著作钩沉(平面三角卷Ⅱ)	2011—01	38.00	78
世界著名初等数论经典著作钩沉(理论和实用算术卷)	2011—07	38.00	126
发展你的空间想象力	2017—06	38.00	785
走向国际数学奥林匹克的平面几何试题诠释(上、下)(第1版)	2007—01	68.00	11,12
走向国际数学奥林匹克的平面几何试题诠释(上、下)(第2版)	2010—02	98.00	63,64
平面几何证明方法全书	2007—08	35.00	1
平面几何证明方法全书习题解答(第1版)	2005—10	18.00	2
平面几何证明方法全书习题解答(第2版)	2006—12	18.00	10
平面几何天天练上卷·基础篇(直线型)	2013—01	58.00	208
平面几何天天练中卷·基础篇(涉及圆)	2013—01	28.00	234
平面几何天天练下卷·提高篇	2013—01	58.00	237
平面几何专题研究	2013—07	98.00	258

— 1 —

刘培杰数学工作室
已出版(即将出版)图书目录——初等数学

书　名	出版时间	定　价	编号
最新世界各国数学奥林匹克中的平面几何试题	2007—09	38.00	14
数学竞赛平面几何典型题及新颖解	2010—07	48.00	74
初等数学复习及研究(平面几何)	2008—09	58.00	38
初等数学复习及研究(立体几何)	2010—06	38.00	71
初等数学复习及研究(平面几何)习题解答	2009—01	48.00	42
几何学教程(平面几何卷)	2011—03	68.00	90
几何学教程(立体几何卷)	2011—07	68.00	130
几何变换与几何证题	2010—06	88.00	70
计算方法与几何证题	2011—06	28.00	129
立体几何技巧与方法	2014—04	88.00	293
几何瑰宝——平面几何500名题暨1000条定理(上、下)	2010—07	138.00	76,77
三角形的解法与应用	2012—07	18.00	183
近代的三角形几何学	2012—07	48.00	184
一般折线几何学	2015—08	48.00	503
三角形的五心	2009—06	28.00	51
三角形的六心及其应用	2015—10	68.00	542
三角形趣谈	2012—08	28.00	212
解三角形	2014—01	28.00	265
三角学专门教程	2014—09	28.00	387
图天下几何新题试卷.初中(第2版)	2017—11	58.00	855
圆锥曲线习题集(上册)	2013—06	68.00	255
圆锥曲线习题集(中册)	2015—01	78.00	434
圆锥曲线习题集(下册·第1卷)	2016—10	78.00	683
圆锥曲线习题集(下册·第2卷)	2018—01	98.00	853
论九点圆	2015—05	88.00	645
近代欧氏几何学	2012—03	48.00	162
罗巴切夫斯基几何学及几何基础概要	2012—07	28.00	188
罗巴切夫斯基几何学初步	2015—06	28.00	474
用三角、解析几何、复数、向量计算解数学竞赛几何题	2015—03	48.00	455
美国中学几何教程	2015—04	88.00	458
三线坐标与三角形特征点	2015—04	98.00	460
平面解析几何方法与研究(第1卷)	2015—05	18.00	471
平面解析几何方法与研究(第2卷)	2015—06	18.00	472
平面解析几何方法与研究(第3卷)	2015—07	18.00	473
解析几何研究	2015—01	38.00	425
解析几何学教程.上	2016—01	38.00	574
解析几何学教程.下	2016—01	38.00	575
几何学基础	2016—01	58.00	581
初等几何研究	2015—02	58.00	444
十九和二十世纪欧氏几何学中的片段	2017—01	58.00	696
平面几何中考.高考.奥数一本通	2017—07	28.00	820
几何学简史	2017—08	28.00	833
四面体	2018—01	48.00	880
平面几何证明方法思路	2018—12	68.00	913
平面几何图形特性新析.上篇	2019—01	68.00	911
平面几何图形特性新析.下篇	2018—06	88.00	912
平面几何范例多解探究.上篇	2018—04	48.00	910
平面几何范例多解探究.下篇	2018—12	68.00	914
从分析解题过程学解题:竞赛中的几何问题研究	2018—07	68.00	946
二维、三维欧氏几何的对偶原理	2018—12	38.00	990

刘培杰数学工作室
已出版(即将出版)图书目录——初等数学

书　　名	出版时间	定　价	编号
俄罗斯平面几何问题集	2009—08	88.00	55
俄罗斯立体几何问题集	2014—03	58.00	283
俄罗斯几何大师——沙雷金论数学及其他	2014—01	48.00	271
来自俄罗斯的5000道几何习题及解答	2011—03	58.00	89
俄罗斯初等数学问题集	2012—05	38.00	177
俄罗斯函数问题集	2011—03	38.00	103
俄罗斯组合分析问题集	2011—01	48.00	79
俄罗斯初等数学万题选——三角卷	2012—11	38.00	222
俄罗斯初等数学万题选——代数卷	2013—08	68.00	225
俄罗斯初等数学万题选——几何卷	2014—01	68.00	226
俄罗斯《量子》杂志数学征解问题100题选	2018—08	48.00	969
俄罗斯《量子》杂志数学征解问题又100题选	2018—08	48.00	970
463个俄罗斯几何老问题	2012—01	28.00	152
《量子》数学短文精粹	2018—09	38.00	972
谈谈素数	2011—03	18.00	91
平方和	2011—03	18.00	92
整数论	2011—05	38.00	120
从整数谈起	2015—10	28.00	538
数与多项式	2016—01	38.00	558
谈谈不定方程	2011—05	28.00	119
解析不等式新论	2009—06	68.00	48
建立不等式的方法	2011—03	98.00	104
数学奥林匹克不等式研究	2009—08	68.00	56
不等式研究(第二辑)	2012—02	68.00	153
不等式的秘密(第一卷)	2012—02	28.00	154
不等式的秘密(第一卷)(第2版)	2014—02	38.00	286
不等式的秘密(第二卷)	2014—01	38.00	268
初等不等式的证明方法	2010—06	38.00	123
初等不等式的证明方法(第二版)	2014—11	38.00	407
不等式·理论·方法(基础卷)	2015—07	38.00	496
不等式·理论·方法(经典不等式卷)	2015—07	38.00	497
不等式·理论·方法(特殊类型不等式卷)	2015—07	48.00	498
不等式探究	2016—03	38.00	582
不等式探秘	2017—01	88.00	689
四面体不等式	2017—01	68.00	715
数学奥林匹克中常见重要不等式	2017—09	38.00	845
三正弦不等式	2018—09	98.00	974
同余理论	2012—05	38.00	163
[x]与{x}	2015—04	48.00	476
极值与最值.上卷	2015—06	28.00	486
极值与最值.中卷	2015—06	38.00	487
极值与最值.下卷	2015—06	28.00	488
整数的性质	2012—11	38.00	192
完全平方数及其应用	2015—08	78.00	506
多项式理论	2015—10	88.00	541
奇数、偶数、奇偶分析法	2018—01	98.00	876
不定方程及其应用.上	2018—12	58.00	992
不定方程及其应用.中	2019—01	78.00	993
不定方程及其应用.下	2019—02	98.00	994

刘培杰数学工作室
已出版(即将出版)图书目录——初等数学

书　名	出版时间	定　价	编号
历届美国中学生数学竞赛试题及解答(第一卷)1950—1954	2014—07	18.00	277
历届美国中学生数学竞赛试题及解答(第二卷)1955—1959	2014—04	18.00	278
历届美国中学生数学竞赛试题及解答(第三卷)1960—1964	2014—06	18.00	279
历届美国中学生数学竞赛试题及解答(第四卷)1965—1969	2014—04	28.00	280
历届美国中学生数学竞赛试题及解答(第五卷)1970—1972	2014—06	18.00	281
历届美国中学生数学竞赛试题及解答(第六卷)1973—1980	2017—07	18.00	768
历届美国中学生数学竞赛试题及解答(第七卷)1981—1986	2015—01	18.00	424
历届美国中学生数学竞赛试题及解答(第八卷)1987—1990	2017—05	18.00	769
历届 IMO 试题集(1959—2005)	2006—05	58.00	5
历届 CMO 试题集	2008—09	28.00	40
历届中国数学奥林匹克试题集(第 2 版)	2017—03	38.00	757
历届加拿大数学奥林匹克试题集	2012—08	38.00	215
历届美国数学奥林匹克试题集:多解推广加强	2012—08	38.00	209
历届美国数学奥林匹克试题集:多解推广加强(第 2 版)	2016—03	48.00	592
历届波兰数学竞赛试题集.第 1 卷,1949～1963	2015—03	18.00	453
历届波兰数学竞赛试题集.第 2 卷,1964～1976	2015—03	18.00	454
历届巴尔干数学奥林匹克试题集	2015—05	38.00	466
保加利亚数学奥林匹克	2014—10	38.00	393
圣彼得堡数学奥林匹克试题集	2015—01	38.00	429
匈牙利奥林匹克数学竞赛题解.第 1 卷	2016—05	28.00	593
匈牙利奥林匹克数学竞赛题解.第 2 卷	2016—05	28.00	594
历届美国数学邀请赛试题集(第 2 版)	2017—10	78.00	851
全国高中数学竞赛试题及解答.第 1 卷	2014—07	38.00	331
普林斯顿大学数学竞赛	2016—06	38.00	669
亚太地区数学奥林匹克竞赛题	2015—07	18.00	492
日本历届(初级)广中杯数学竞赛试题及解答.第 1 卷(2000～2007)	2016—05	28.00	641
日本历届(初级)广中杯数学竞赛试题及解答.第 2 卷(2008～2015)	2016—05	38.00	642
360 个数学竞赛问题	2016—08	58.00	677
奥数最佳实战题.上卷	2017—06	38.00	760
奥数最佳实战题.下卷	2017—05	58.00	761
哈尔滨市早期中学数学竞赛试题汇编	2016—07	28.00	672
全国高中数学联赛试题及解答:1981—2017(第 2 版)	2018—05	98.00	920
20 世纪 50 年代全国部分城市数学竞赛试题汇编	2017—07	28.00	797
高中数学竞赛培训教程:平面几何问题的求解方法与策略.上	2018—05	68.00	906
高中数学竞赛培训教程:平面几何问题的求解方法与策略.下	2018—06	78.00	907
高中数学竞赛培训教程:整除与同余以及不定方程	2018—01	88.00	908
高中数学竞赛培训教程:组合计数与组合极值	2018—04	48.00	909
国内外数学竞赛题及精解:2016～2017	2018—07	45.00	922
许康华竞赛优学精选集.第一辑	2018—08	68.00	949
高考数学临门一脚(含密押三套卷)(理科版)	2017—01	45.00	743
高考数学临门一脚(含密押三套卷)(文科版)	2017—01	45.00	744
新课标高考数学题型全归纳(文科版)	2015—05	72.00	467
新课标高考数学题型全归纳(理科版)	2015—05	82.00	468
洞穿高考数学解答题核心考点(理科版)	2015—11	49.80	550
洞穿高考数学解答题核心考点(文科版)	2015—11	46.80	551

刘培杰数学工作室
已出版(即将出版)图书目录——初等数学

书 名	出版时间	定 价	编号
高考数学题型全归纳:文科版.上	2016—05	53.00	663
高考数学题型全归纳:文科版.下	2016—05	53.00	664
高考数学题型全归纳:理科版.上	2016—05	58.00	665
高考数学题型全归纳:理科版.下	2016—05	58.00	666
王连笑教你怎样学数学:高考选择题解题策略与客观题实用训练	2014—01	48.00	262
王连笑教你怎样学数学:高考数学高层次讲座	2015—02	48.00	432
高考数学的理论与实践	2009—08	38.00	53
高考数学核心题型解题方法与技巧	2010—01	28.00	86
高考思维新平台	2014—03	38.00	259
30分钟拿下高考数学选择题、填空题(理科版)	2016—10	39.80	720
30分钟拿下高考数学选择题、填空题(文科版)	2016—10	39.80	721
高考数学压轴题解题诀窍(上)(第2版)	2018—01	58.00	874
高考数学压轴题解题诀窍(下)(第2版)	2018—01	48.00	875
北京市五区文科数学三年高考模拟题详解:2013~2015	2015—08	48.00	500
北京市五区理科数学三年高考模拟题详解:2013~2015	2015—09	68.00	505
向量法巧解数学高考题	2009—08	28.00	54
高考数学万能解题法(第2版)	即将出版	38.00	691
高考物理万能解题法(第2版)	即将出版	38.00	692
高考化学万能解题法(第2版)	即将出版	28.00	693
高考生物万能解题法(第2版)	即将出版	28.00	694
高考数学解题金典(第2版)	2017—01	78.00	716
高考物理解题金典(第2版)	即将出版	68.00	717
高考化学解题金典(第2版)	即将出版	58.00	718
我一定要赚分:高中物理	2016—01	38.00	580
数学高考参考	2016—01	78.00	589
2011~2015年全国及各省市高考数学文科精品试题审题要津与解法研究	2015—10	68.00	539
2011~2015年全国及各省市高考数学理科精品试题审题要津与解法研究	2015—10	88.00	540
最新全国及各省市高考数学试卷解法研究及点拨评析	2009—02	38.00	41
2011年全国及各省市高考数学试题审题要津与解法研究	2011—10	48.00	139
2013年全国及各省市高考数学试题解析与点评	2014—01	48.00	282
全国及各省市高考数学试题审题要津与解法研究	2015—02	48.00	450
新课标高考数学——五年试题分章详解(2007~2011)(上、下)	2011—10	78.00	140,141
全国中考数学压轴题审题要津与解法研究	2013—04	78.00	248
新编全国及各省市中考数学压轴题审题要津与解法研究	2014—05	58.00	342
全国及各省市5年中考数学压轴题审题要津与解法研究(2015版)	2015—04	58.00	462
中考数学专题总复习	2007—04	28.00	6
中考数学较难题、难题常考题型解题方法与技巧.上	2016—01	48.00	584
中考数学较难题、难题常考题型解题方法与技巧.下	2016—01	58.00	585
中考数学较难题常考题型解题方法与技巧	2016—09	48.00	681
中考数学难题常考题型解题方法与技巧	2016—09	48.00	682
中考数学中档题常考题型解题方法与技巧	2017—08	68.00	835
中考数学选择填空压轴好题妙解365	2017—05	38.00	759

刘培杰数学工作室
已出版(即将出版)图书目录——初等数学

书 名	出版时间	定 价	编号
中考数学小压轴汇编初讲	2017—07	48.00	788
中考数学大压轴专题微言	2017—09	48.00	846
北京中考数学压轴题解题方法突破(第4版)	2019—01	58.00	1001
助你高考成功的数学解题智慧:知识是智慧的基础	2016—01	58.00	596
助你高考成功的数学解题智慧:错误是智慧的试金石	2016—04	58.00	643
助你高考成功的数学解题智慧:方法是智慧的推手	2016—04	68.00	657
高考数学奇思妙解	2016—04	38.00	610
高考数学解题策略	2016—05	48.00	670
数学解题泄天机(第2版)	2017—10	48.00	850
高考物理压轴题全解	2017—04	48.00	746
高中物理经典问题25讲	2017—05	28.00	764
高中物理教学讲义	2018—01	48.00	871
2016年高考文科数学真题研究	2017—04	58.00	754
2016年高考理科数学真题研究	2017—04	78.00	755
初中数学、高中数学脱节知识补缺教材	2017—06	48.00	766
高考数学小题抢分必练	2017—10	48.00	834
高考数学核心素养解读	2017—09	38.00	839
高考数学客观题解题方法和技巧	2017—10	38.00	847
十年高考数学精品试题审题要津与解法研究.上卷	2018—01	68.00	872
十年高考数学精品试题审题要津与解法研究.下卷	2018—01	58.00	873
中国历届高考数学试题及解答.1949—1979	2018—01	38.00	877
历届中国高考数学试题及解答.第二卷,1980—1989	2018—10	28.00	975
历届中国高考数学试题及解答.第三卷,1990—1999	2018—10	48.00	976
数学文化与高考研究	2018—03	48.00	882
跟我学解高中数学题	2018—07	58.00	926
中学数学研究的方法及案例	2018—05	58.00	869
高考数学抢分技能	2018—07	68.00	934
高一新生常用数学方法和重要数学思想提升教材	2018—06	38.00	921
2018年高考数学真题研究	2019—01	68.00	1000
新编640个世界著名数学智力趣题	2014—01	88.00	242
500个最新世界著名数学智力趣题	2008—06	48.00	3
400个最新世界著名数学最值问题	2008—09	48.00	36
500个世界著名数学征解问题	2009—06	48.00	52
400个中国最佳初等数学征解老问题	2010—01	48.00	60
500个俄罗斯数学经典老题	2011—01	28.00	81
1000个国外中学物理好题	2012—04	48.00	174
300个日本高考数学题	2012—05	38.00	142
700个早期日本高考数学试题	2017—02	88.00	752
500个前苏联早期高考数学试题及解答	2012—05	28.00	185
546个早期俄罗斯大学生数学竞赛题	2014—03	38.00	285
548个来自美苏的数学好问题	2014—11	28.00	396
20所苏联著名大学早期入学试题	2015—02	18.00	452
161道德国工科大学生必做的微分方程习题	2015—05	28.00	469
500个德国工科大学生必做的高数习题	2015—06	28.00	478
360个数学竞赛问题	2016—08	58.00	677
200个趣味数学故事	2018—02	48.00	857
470个数学奥林匹克中的最值问题	2018—10	88.00	985
德国讲义日本考题.微积分卷	2015—04	48.00	456
德国讲义日本考题.微分方程卷	2015—04	38.00	457
二十世纪中叶中、英、美、日、法、俄高考数学试题精选	2017—06	38.00	783

刘培杰数学工作室
已出版(即将出版)图书目录——初等数学

书　　名	出版时间	定　价	编号
中国初等数学研究　2009卷(第1辑)	2009—05	20.00	45
中国初等数学研究　2010卷(第2辑)	2010—05	30.00	68
中国初等数学研究　2011卷(第3辑)	2011—07	60.00	127
中国初等数学研究　2012卷(第4辑)	2012—07	48.00	190
中国初等数学研究　2014卷(第5辑)	2014—02	48.00	288
中国初等数学研究　2015卷(第6辑)	2015—06	68.00	493
中国初等数学研究　2016卷(第7辑)	2016—04	68.00	609
中国初等数学研究　2017卷(第8辑)	2017—01	98.00	712
几何变换(Ⅰ)	2014—07	28.00	353
几何变换(Ⅱ)	2015—06	28.00	354
几何变换(Ⅲ)	2015—01	38.00	355
几何变换(Ⅳ)	2015—12	38.00	356
初等数论难题集(第一卷)	2009—05	68.00	44
初等数论难题集(第二卷)(上、下)	2011—02	128.00	82,83
数论概貌	2011—03	18.00	93
代数数论(第二版)	2013—08	58.00	94
代数多项式	2014—06	38.00	289
初等数论的知识与问题	2011—02	28.00	95
超越数论基础	2011—03	28.00	96
数论初等教程	2011—03	28.00	97
数论基础	2011—03	18.00	98
数论基础与维诺格拉多夫	2014—03	18.00	292
解析数论基础	2012—08	28.00	216
解析数论基础(第二版)	2014—01	48.00	287
解析数论问题集(第二版)(原版引进)	2014—05	88.00	343
解析数论问题集(第二版)(中译本)	2016—04	88.00	607
解析数论基础(潘承洞,潘承彪著)	2016—07	98.00	673
解析数论导引	2016—07	58.00	674
数论入门	2011—03	38.00	99
代数数论入门	2015—03	38.00	448
数论开篇	2012—07	28.00	194
解析数论引论	2011—03	48.00	100
Barban Davenport Halberstam 均值和	2009—01	40.00	33
基础数论	2011—03	28.00	101
初等数论100例	2011—05	18.00	122
初等数论经典例题	2012—07	18.00	204
最新世界各国数学奥林匹克中的初等数论试题(上、下)	2012—01	138.00	144,145
初等数论(Ⅰ)	2012—01	18.00	156
初等数论(Ⅱ)	2012—01	18.00	157
初等数论(Ⅲ)	2012—01	28.00	158

刘培杰数学工作室
已出版(即将出版)图书目录——初等数学

书　名	出版时间	定　价	编号
平面几何与数论中未解决的新老问题	2013—01	68.00	229
代数数论简史	2014—11	28.00	408
代数数论	2015—09	88.00	532
代数、数论及分析习题集	2016—11	98.00	695
数论导引提要及习题解答	2016—01	48.00	559
素数定理的初等证明.第2版	2016—09	48.00	686
数论中的模函数与狄利克雷级数(第二版)	2017—11	78.00	837
数论:数学导引	2018—01	68.00	849
数学精神巡礼	2019—01	58.00	731
数学眼光透视(第2版)	2017—06	78.00	732
数学思想领悟(第2版)	2018—01	68.00	733
数学方法溯源(第2版)	2018—08	68.00	734
数学解题引论	2017—05	58.00	735
数学史话览胜(第2版)	2017—01	48.00	736
数学应用展观(第2版)	2017—08	68.00	737
数学建模尝试	2018—04	48.00	738
数学竞赛采风	2018—01	68.00	739
数学技能操握	2018—03	48.00	741
数学欣赏拾趣	2018—02	48.00	742
从毕达哥拉斯到怀尔斯	2007—10	48.00	9
从迪利克雷到维斯卡尔迪	2008—01	48.00	21
从哥德巴赫到陈景润	2008—05	98.00	35
从庞加莱到佩雷尔曼	2011—08	138.00	136
博弈论精粹	2008—03	58.00	30
博弈论精粹.第二版(精装)	2015—01	88.00	461
数学 我爱你	2008—01	28.00	20
精神的圣徒 别样的人生——60位中国数学家成长的历程	2008—09	48.00	39
数学史概论	2009—06	78.00	50
数学史概论(精装)	2013—03	158.00	272
数学史选讲	2016—01	48.00	544
斐波那契数列	2010—02	28.00	65
数学拼盘和斐波那契魔方	2010—07	38.00	72
斐波那契数列欣赏(第2版)	2018—08	58.00	948
Fibonacci数列中的明珠	2018—06	58.00	928
数学的创造	2011—02	48.00	85
数学美与创造力	2016—01	48.00	595
数海拾贝	2016—01	48.00	590
数学中的美	2011—02	38.00	84
数论中的美学	2014—12	38.00	351

— 8 —

刘培杰数学工作室
已出版（即将出版）图书目录——初等数学

书　名	出版时间	定　价	编号
数学王者　科学巨人——高斯	2015—01	28.00	428
振兴祖国数学的圆梦之旅:中国初等数学研究史话	2015—06	98.00	490
二十世纪中国数学史料研究	2015—10	48.00	536
数字谜、数阵图与棋盘覆盖	2016—01	58.00	298
时间的形状	2016—01	38.00	556
数学发现的艺术:数学探索中的合情推理	2016—07	58.00	671
活跃在数学中的参数	2016—07	48.00	675
数学解题——靠数学思想给力(上)	2011—07	38.00	131
数学解题——靠数学思想给力(中)	2011—07	48.00	132
数学解题——靠数学思想给力(下)	2011—07	38.00	133
我怎样解题	2013—01	48.00	227
数学解题中的物理方法	2011—06	28.00	114
数学解题的特殊方法	2011—06	48.00	115
中学数学计算技巧	2012—01	48.00	116
中学数学证明方法	2012—01	58.00	117
数学趣题巧解	2012—03	28.00	128
高中数学教学通鉴	2015—05	58.00	479
和高中生漫谈:数学与哲学的故事	2014—08	28.00	369
算术问题集	2017—03	38.00	789
张教授讲数学	2018—07	38.00	933
自主招生考试中的参数方程问题	2015—01	28.00	435
自主招生考试中的极坐标问题	2015—04	28.00	463
近年全国重点大学自主招生数学试题全解及研究.华约卷	2015—02	38.00	441
近年全国重点大学自主招生数学试题全解及研究.北约卷	2016—05	38.00	619
自主招生数学解证宝典	2015—09	48.00	535
格点和面积	2012—07	18.00	191
射影几何趣谈	2012—04	28.00	175
斯潘纳尔引理——从一道加拿大数学奥林匹克试题谈起	2014—01	28.00	228
李普希兹条件——从几道近年高考数学试题谈起	2012—10	18.00	221
拉格朗日中值定理——从一道北京高考试题的解法谈起	2015—10	18.00	197
闵科夫斯基定理——从一道清华大学自主招生试题谈起	2014—01	28.00	198
哈尔测度——从一道冬令营试题的背景谈起	2012—08	28.00	202
切比雪夫逼近问题——从一道中国台北数学奥林匹克试题谈起	2013—04	38.00	238
伯恩斯坦多项式与贝齐尔曲面——从一道全国高中数学联赛试题谈起	2013—03	38.00	236
卡塔兰猜想——从一道普特南竞赛试题谈起	2013—06	18.00	256
麦卡锡函数和阿克曼函数——从一道前南斯拉夫数学奥林匹克试题谈起	2012—08	18.00	201
贝蒂定理与拉姆贝克莫斯尔定理——从一个拣石子游戏谈起	2012—08	18.00	217
皮亚诺曲线和豪斯道夫分球定理——从无限集谈起	2012—08	18.00	211
平面凸图形与凸多面体	2012—10	28.00	218
斯坦因豪斯问题——从一道二十五省市自治区中学数学竞赛试题谈起	2012—07	18.00	196

刘培杰数学工作室
已出版(即将出版)图书目录——初等数学

书　名	出版时间	定　价	编号
纽结理论中的亚历山大多项式与琼斯多项式——从一道北京市高一数学竞赛试题谈起	2012—07	28.00	195
原则与策略——从波利亚"解题表"谈起	2013—04	38.00	244
转化与化归——从三大尺规作图不能问题谈起	2012—08	28.00	214
代数几何中的贝祖定理(第一版)——从一道IMO试题的解法谈起	2013—08	18.00	193
成功连贯理论与约当块理论——从一道比利时数学竞赛试题谈起	2012—04	18.00	180
素数判定与大数分解	2014—08	18.00	199
置换多项式及其应用	2012—10	18.00	220
椭圆函数与模函数——从一道美国加州大学洛杉矶分校(UCLA)博士资格考题谈起	2012—10	28.00	219
差分方程的拉格朗日方法——从一道2011年全国高考理科试题的解法谈起	2012—08	28.00	200
力学在几何中的一些应用	2013—01	38.00	240
高斯散度定理、斯托克斯定理和平面格林定理——从一道国际大学生数学竞赛试题谈起	即将出版		
康托洛维奇不等式——从一道全国高中联赛试题谈起	2013—03	28.00	337
西格尔引理——从一道第18届IMO试题的解法谈起	即将出版		
罗斯定理——从一道前苏联数学竞赛试题谈起	即将出版		
拉克斯定理和阿廷定理——从一道IMO试题的解法谈起	2014—01	58.00	246
毕卡大定理——从一道美国大学数学竞赛试题谈起	2014—07	18.00	350
贝齐尔曲线——从一道全国高中联赛试题谈起	即将出版		
拉格朗日乘子定理——从一道2005年全国高中联赛试题的高等数学解法谈起	2015—05	28.00	480
雅可比定理——从一道日本数学奥林匹克试题谈起	2013—04	48.00	249
李天岩—约克定理——从一道波兰数学竞赛试题谈起	2014—06	28.00	349
整系数多项式因式分解的一般方法——从克朗耐克算法谈起	即将出版		
布劳维不动点定理——从一道前苏联数学奥林匹克试题谈起	2014—01	38.00	273
伯恩赛德定理——从一道英国数学奥林匹克试题谈起	即将出版		
布查特—莫斯特定理——从一道上海市初中竞赛试题谈起	即将出版		
数论中的同余数问题——从一道普林南竞赛试题谈起	即将出版		
范·德蒙行列式——从一道美国数学奥林匹克试题谈起	即将出版		
中国剩余定理:总数法构建中国历史年表	2015—01	28.00	430
牛顿程序与方程求根——从一道全国高考试题解法谈起	即将出版		
库默尔定理——从一道IMO预选试题谈起	即将出版		
卢丁定理——从一道冬令营试题的解法谈起	即将出版		
沃斯滕霍姆定理——从一道IMO预选试题谈起	即将出版		
卡尔松不等式——从一道莫斯科数学奥林匹克试题谈起	即将出版		
信息论中的香农熵——从一道近年高考压轴题谈起	即将出版		
约当不等式——从一道希望杯竞赛试题谈起	即将出版		
拉比诺维奇定理	即将出版		
刘维尔定理——从一道《美国数学月刊》征解问题的解法谈起	即将出版		
卡塔兰恒等式与级数求和——从一道IMO试题的解法谈起	即将出版		
勒让德猜想与素数分布——从一道爱尔兰竞赛试题谈起	即将出版		
天平称重与信息论——从一道基辅市数学奥林匹克试题谈起	即将出版		
哈密尔顿—凯莱定理:从一道高中数学联赛试题的解法谈起	2014—09	18.00	376
艾思特曼定理——从一道CMO试题的解法谈起	即将出版		

刘培杰数学工作室
已出版(即将出版)图书目录——初等数学

书　名	出版时间	定价	编号
阿贝尔恒等式与经典不等式及应用	2018—06	98.00	923
迪利克雷除数问题	2018—07	48.00	930
贝克码与编码理论——从一道全国高中联赛试题谈起	即将出版		
帕斯卡三角形	2014—03	18.00	294
蒲丰投针问题——从2009年清华大学的一道自主招生试题谈起	2014—01	38.00	295
斯图姆定理——从一道"华约"自主招生试题的解法谈起	2014—01	18.00	296
许瓦兹引理——从一道加利福尼亚大学伯克利分校数学系博士生试题谈起	2014—08	18.00	297
拉姆塞定理——从王诗宬院士的一个问题谈起	2016—04	48.00	299
坐标法	2013—12	28.00	332
数论三角形	2014—04	38.00	341
毕克定理	2014—07	18.00	352
数林掠影	2014—09	48.00	389
我们周围的概率	2014—10	38.00	390
凸函数最值定理:从一道华约自主招生题的解法谈起	2014—10	28.00	391
易学与数学奥林匹克	2014—10	38.00	392
生物数学趣谈	2015—01	18.00	409
反演	2015—01	28.00	420
因式分解与圆锥曲线	2015—01	18.00	426
轨迹	2015—01	28.00	427
面积原理:从常庚哲命的一道CMO试题的积分解法谈起	2015—01	48.00	431
形形色色的不动点定理:从一道28届IMO试题谈起	2015—01	38.00	439
柯西函数方程:从一道上海交大自主招生的试题谈起	2015—02	28.00	440
三角恒等式	2015—02	28.00	442
无理性判定:从一道2014年"北约"自主招生试题谈起	2015—01	38.00	443
数学归纳法	2015—03	18.00	451
极端原理与解题	2015—04	28.00	464
法雷级数	2014—08	18.00	367
摆线族	2015—01	38.00	438
函数方程及其解法	2015—05	38.00	470
含参数的方程和不等式	2012—09	28.00	213
希尔伯特第十问题	2016—01	38.00	543
无穷小量的求和	2016—01	28.00	545
切比雪夫多项式:从一道清华大学金秋营试题谈起	2016—01	38.00	583
泽肯多夫定理	2016—03	38.00	599
代数等式证题法	2016—01	28.00	600
三角等式证题法	2016—01	28.00	601
吴大任教授藏书中的一个因式分解公式:从一道美国数学邀请赛试题的解法谈起	2016—06	28.00	656
易卦——类万物的数学模型	2017—08	68.00	838
"不可思议"的数与数系可持续发展	2018—01	38.00	878
最短线	2018—01	38.00	879
幻方和魔方(第一卷)	2012—05	68.00	173
尘封的经典——初等数学经典文献选读(第一卷)	2012—07	48.00	205
尘封的经典——初等数学经典文献选读(第二卷)	2012—07	38.00	206
初级方程式论	2011—03	28.00	106
初等数学研究(Ⅰ)	2008—09	68.00	37
初等数学研究(Ⅱ)(上、下)	2009—05	118.00	46,47

刘培杰数学工作室
已出版(即将出版)图书目录——初等数学

书 名	出版时间	定 价	编号
趣味初等方程妙题集锦	2014—09	48.00	388
趣味初等数论选美与欣赏	2015—02	48.00	445
耕读笔记(上卷):一位农民数学爱好者的初数探索	2015—04	28.00	459
耕读笔记(中卷):一位农民数学爱好者的初数探索	2015—05	28.00	483
耕读笔记(下卷):一位农民数学爱好者的初数探索	2015—05	28.00	484
几何不等式研究与欣赏.上卷	2016—01	88.00	547
几何不等式研究与欣赏.下卷	2016—01	48.00	552
初等数列研究与欣赏·上	2016—01	48.00	570
初等数列研究与欣赏·下	2016—01	48.00	571
趣味初等函数研究与欣赏.上	2016—09	48.00	684
趣味初等函数研究与欣赏.下	2018—09	48.00	685
火柴游戏	2016—05	38.00	612
智力解谜.第1卷	2017—07	38.00	613
智力解谜.第2卷	2017—07	38.00	614
故事智力	2016—07	48.00	615
名人们喜欢的智力问题	即将出版		616
数学大师的发现、创造与失误	2018—01	48.00	617
异曲同工	2018—09	48.00	618
数学的味道	2018—01	58.00	798
数学千字文	2018—10	68.00	977
数贝偶拾——高考数学题研究	2014—04	28.00	274
数贝偶拾——初等数学研究	2014—04	38.00	275
数贝偶拾——奥数题研究	2014—04	48.00	276
钱昌本教你快乐学数学(上)	2011—12	48.00	155
钱昌本教你快乐学数学(下)	2012—03	58.00	171
集合、函数与方程	2014—01	28.00	300
数列与不等式	2014—01	38.00	301
三角与平面向量	2014—01	28.00	302
平面解析几何	2014—01	38.00	303
立体几何与组合	2014—01	28.00	304
极限与导数、数学归纳法	2014—01	38.00	305
趣味数学	2014—03	28.00	306
教材教法	2014—04	68.00	307
自主招生	2014—05	58.00	308
高考压轴题(上)	2015—01	48.00	309
高考压轴题(下)	2014—10	68.00	310
从费马到怀尔斯——费马大定理的历史	2013—10	198.00	I
从庞加莱到佩雷尔曼——庞加莱猜想的历史	2013—10	298.00	II
从切比雪夫到爱尔特希(上)——素数定理的初等证明	2013—07	48.00	III
从切比雪夫到爱尔特希(下)——素数定理100年	2012—12	98.00	III
从高斯到盖尔方特——二次域的高斯猜想	2013—10	198.00	IV
从库默尔到朗兰兹——朗兰兹猜想的历史	2014—01	98.00	V
从比勃巴赫到德布朗斯——比勃巴赫猜想的历史	2014—02	298.00	VI
从麦比乌斯到陈省身——麦比乌斯变换与麦比乌斯带	2014—02	298.00	VII
从布尔到豪斯道夫——布尔方程与格论漫谈	2013—10	198.00	VIII
从开普勒到阿诺德——三体问题的历史	2014—05	298.00	IX
从华林到华罗庚——华林问题的历史	2013—10	298.00	X

刘培杰数学工作室
已出版(即将出版)图书目录——初等数学

书　名	出版时间	定　价	编号
美国高中数学竞赛五十讲.第1卷(英文)	2014—08	28.00	357
美国高中数学竞赛五十讲.第2卷(英文)	2014—08	28.00	358
美国高中数学竞赛五十讲.第3卷(英文)	2014—09	28.00	359
美国高中数学竞赛五十讲.第4卷(英文)	2014—09	28.00	360
美国高中数学竞赛五十讲.第5卷(英文)	2014—10	28.00	361
美国高中数学竞赛五十讲.第6卷(英文)	2014—11	28.00	362
美国高中数学竞赛五十讲.第7卷(英文)	2014—12	28.00	363
美国高中数学竞赛五十讲.第8卷(英文)	2015—01	28.00	364
美国高中数学竞赛五十讲.第9卷(英文)	2015—01	28.00	365
美国高中数学竞赛五十讲.第10卷(英文)	2015—02	38.00	366
三角函数(第2版)	2017—04	38.00	626
不等式	2014—01	38.00	312
数列	2014—01	38.00	313
方程(第2版)	2017—04	38.00	624
排列和组合	2014—01	28.00	315
极限与导数(第2版)	2016—04	38.00	635
向量(第2版)	2018—08	58.00	627
复数及其应用	2014—08	28.00	318
函数	2014—01	38.00	319
集合	即将出版		320
直线与平面	2014—01	28.00	321
立体几何(第2版)	2016—04	38.00	629
解三角形	即将出版		323
直线与圆(第2版)	2016—11	38.00	631
圆锥曲线(第2版)	2016—09	48.00	632
解题通法(一)	2014—07	38.00	326
解题通法(二)	2014—07	38.00	327
解题通法(三)	2014—05	38.00	328
概率与统计	2014—01	28.00	329
信息迁移与算法	即将出版		330
IMO 50年.第1卷(1959—1963)	2014—11	28.00	377
IMO 50年.第2卷(1964—1968)	2014—11	28.00	378
IMO 50年.第3卷(1969—1973)	2014—09	28.00	379
IMO 50年.第4卷(1974—1978)	2016—04	38.00	380
IMO 50年.第5卷(1979—1984)	2015—04	38.00	381
IMO 50年.第6卷(1985—1989)	2015—04	58.00	382
IMO 50年.第7卷(1990—1994)	2016—01	48.00	383
IMO 50年.第8卷(1995—1999)	2016—06	38.00	384
IMO 50年.第9卷(2000—2004)	2015—04	58.00	385
IMO 50年.第10卷(2005—2009)	2016—01	48.00	386
IMO 50年.第11卷(2010—2015)	2017—03	48.00	646

刘培杰数学工作室
已出版(即将出版)图书目录——初等数学

书 名	出版时间	定 价	编号
数学反思(2007—2008)	即将出版		915
数学反思(2008—2009)	2019—01	68.00	917
数学反思(2010—2011)	2018—05	58.00	916
数学反思(2012—2013)	2019—01	58.00	918
数学反思(2014—2015)	即将出版		919
历届美国大学生数学竞赛试题集.第一卷(1938—1949)	2015—01	28.00	397
历届美国大学生数学竞赛试题集.第二卷(1950—1959)	2015—01	28.00	398
历届美国大学生数学竞赛试题集.第三卷(1960—1969)	2015—01	28.00	399
历届美国大学生数学竞赛试题集.第四卷(1970—1979)	2015—01	18.00	400
历届美国大学生数学竞赛试题集.第五卷(1980—1989)	2015—01	28.00	401
历届美国大学生数学竞赛试题集.第六卷(1990—1999)	2015—01	28.00	402
历届美国大学生数学竞赛试题集.第七卷(2000—2009)	2015—08	18.00	403
历届美国大学生数学竞赛试题集.第八卷(2010—2012)	2015—01	18.00	404
新课标高考数学创新题解题诀窍:总论	2014—09	28.00	372
新课标高考数学创新题解题诀窍:必修1~5分册	2014—08	38.00	373
新课标高考数学创新题解题诀窍:选修2—1,2—2,1—1,1—2分册	2014—09	38.00	374
新课标高考数学创新题解题诀窍:选修2—3,4—4,4—5分册	2014—09	18.00	375
全国重点大学自主招生英文数学试题全攻略:词汇卷	2015—07	48.00	410
全国重点大学自主招生英文数学试题全攻略:概念卷	2015—01	28.00	411
全国重点大学自主招生英文数学试题全攻略:文章选读卷(上)	2016—09	38.00	412
全国重点大学自主招生英文数学试题全攻略:文章选读卷(下)	2017—01	58.00	413
全国重点大学自主招生英文数学试题全攻略:试题卷	2015—07	38.00	414
全国重点大学自主招生英文数学试题全攻略:名著欣赏卷	2017—03	48.00	415
劳埃德数学趣题大全.题目卷.1:英文	2016—01	18.00	516
劳埃德数学趣题大全.题目卷.2:英文	2016—01	18.00	517
劳埃德数学趣题大全.题目卷.3:英文	2016—01	18.00	518
劳埃德数学趣题大全.题目卷.4:英文	2016—01	18.00	519
劳埃德数学趣题大全.题目卷.5:英文	2016—01	18.00	520
劳埃德数学趣题大全.答案卷:英文	2016—01	18.00	521
李成章教练奥数笔记.第1卷	2016—01	48.00	522
李成章教练奥数笔记.第2卷	2016—01	48.00	523
李成章教练奥数笔记.第3卷	2016—01	38.00	524
李成章教练奥数笔记.第4卷	2016—01	38.00	525
李成章教练奥数笔记.第5卷	2016—01	38.00	526
李成章教练奥数笔记.第6卷	2016—01	38.00	527
李成章教练奥数笔记.第7卷	2016—01	38.00	528
李成章教练奥数笔记.第8卷	2016—01	48.00	529
李成章教练奥数笔记.第9卷	2016—01	28.00	530

刘培杰数学工作室
已出版(即将出版)图书目录——初等数学

书　名	出版时间	定　价	编号
第19～23届"希望杯"全国数学邀请赛试题审题要津详细评注(初一版)	2014—03	28.00	333
第19～23届"希望杯"全国数学邀请赛试题审题要津详细评注(初二、初三版)	2014—03	38.00	334
第19～23届"希望杯"全国数学邀请赛试题审题要津详细评注(高一版)	2014—03	28.00	335
第19～23届"希望杯"全国数学邀请赛试题审题要津详细评注(高二版)	2014—03	38.00	336
第19～25届"希望杯"全国数学邀请赛试题审题要津详细评注(初一版)	2015—01	38.00	416
第19～25届"希望杯"全国数学邀请赛试题审题要津详细评注(初二、初三版)	2015—01	58.00	417
第19～25届"希望杯"全国数学邀请赛试题审题要津详细评注(高一版)	2015—01	48.00	418
第19～25届"希望杯"全国数学邀请赛试题审题要津详细评注(高二版)	2015—01	48.00	419
物理奥林匹克竞赛大题典——力学卷	2014—11	48.00	405
物理奥林匹克竞赛大题典——热学卷	2014—04	28.00	339
物理奥林匹克竞赛大题典——电磁学卷	2015—07	48.00	406
物理奥林匹克竞赛大题典——光学与近代物理卷	2014—06	28.00	345
历届中国东南地区数学奥林匹克试题集(2004～2012)	2014—06	18.00	346
历届中国西部地区数学奥林匹克试题集(2001～2012)	2014—07	18.00	347
历届中国女子数学奥林匹克试题集(2002～2012)	2014—08	18.00	348
数学奥林匹克在中国	2014—06	98.00	344
数学奥林匹克问题集	2014—01	38.00	267
数学奥林匹克不等式散论	2010—06	38.00	124
数学奥林匹克不等式欣赏	2011—09	38.00	138
数学奥林匹克超级题库(初中卷上)	2010—01	58.00	66
数学奥林匹克不等式证明方法和技巧(上、下)	2011—08	158.00	134,135
他们学什么:原民主德国中学数学课本	2016—09	38.00	658
他们学什么:英国中学数学课本	2016—09	38.00	659
他们学什么:法国中学数学课本.1	2016—09	38.00	660
他们学什么:法国中学数学课本.2	2016—09	28.00	661
他们学什么:法国中学数学课本.3	2016—09	38.00	662
他们学什么:苏联中学数学课本	2016—09	28.00	679
高中数学题典——集合与简易逻辑·函数	2016—07	48.00	647
高中数学题典——导数	2016—07	48.00	648
高中数学题典——三角函数·平面向量	2016—07	48.00	649
高中数学题典——数列	2016—07	58.00	650
高中数学题典——不等式·推理与证明	2016—07	38.00	651
高中数学题典——立体几何	2016—07	48.00	652
高中数学题典——平面解析几何	2016—07	78.00	653
高中数学题典——计数原理·统计·概率·复数	2016—07	48.00	654
高中数学题典——算法·平面几何·初等数论·组合数学·其他	2016—07	68.00	655

刘培杰数学工作室
已出版（即将出版）图书目录——初等数学

书 名	出版时间	定 价	编号
台湾地区奥林匹克数学竞赛试题.小学一年级	2017-03	38.00	722
台湾地区奥林匹克数学竞赛试题.小学二年级	2017-03	38.00	723
台湾地区奥林匹克数学竞赛试题.小学三年级	2017-03	38.00	724
台湾地区奥林匹克数学竞赛试题.小学四年级	2017-03	38.00	725
台湾地区奥林匹克数学竞赛试题.小学五年级	2017-03	38.00	726
台湾地区奥林匹克数学竞赛试题.小学六年级	2017-03	38.00	727
台湾地区奥林匹克数学竞赛试题.初中一年级	2017-03	38.00	728
台湾地区奥林匹克数学竞赛试题.初中二年级	2017-03	38.00	729
台湾地区奥林匹克数学竞赛试题.初中三年级	2017-03	28.00	730
不等式证题法	2017-04	28.00	747
平面几何培优教程	即将出版		748
奥数鼎级培优教程.高一分册	2018-09	88.00	749
奥数鼎级培优教程.高二分册.上	2018-04	68.00	750
奥数鼎级培优教程.高二分册.下	2018-04	68.00	751
高中数学竞赛冲刺宝典	即将出版		883
初中尖子生数学超级题典.实数	2017-07	58.00	792
初中尖子生数学超级题典.式、方程与不等式	2017-08	58.00	793
初中尖子生数学超级题典.圆、面积	2017-08	38.00	794
初中尖子生数学超级题典.函数、逻辑推理	2017-08	48.00	795
初中尖子生数学超级题典.角、线段、三角形与多边形	2017-07	58.00	796
数学王子——高斯	2018-01	48.00	858
坎坷奇星——阿贝尔	2018-01	48.00	859
闪烁奇星——伽罗瓦	2018-01	58.00	860
无穷统帅——康托尔	2018-01	48.00	861
科学公主——柯瓦列夫斯卡娅	2018-01	48.00	862
抽象代数之母——埃米·诺特	2018-01	48.00	863
电脑先驱——图灵	2018-01	58.00	864
昔日神童——维纳	2018-01	48.00	865
数坛怪侠——爱尔特希	2018-01	68.00	866
当代世界中的数学.数学思想与数学基础	2019-01	38.00	892
当代世界中的数学.数学问题	2019-01	38.00	893
当代世界中的数学.应用数学与数学应用	2019-01	38.00	894
当代世界中的数学.数学王国的新疆域（一）	2019-01	38.00	895
当代世界中的数学.数学王国的新疆域（二）	2019-01	38.00	896
当代世界中的数学.数林撷英（一）	2019-01	38.00	897
当代世界中的数学.数林撷英（二）	2019-01	48.00	898
当代世界中的数学.数学之路	2019-01	38.00	899

刘培杰数学工作室
已出版(即将出版)图书目录——初等数学

书　名	出版时间	定　价	编号
105 个代数问题:来自 AwesomeMath 夏季课程	2019—02	58.00	956
106 个几何问题:来自 AwesomeMath 夏季课程	即将出版		957
107 个几何问题:来自 AwesomeMath 全年课程	即将出版		958
108 个代数问题:来自 AwesomeMath 全年课程	2019—01	68.00	959
109 个不等式:来自 AwesomeMath 夏季课程	即将出版		960
国际数学奥林匹克中的 110 个几何问题	即将出版		961
111 个代数和数论问题	即将出版		962
112 个组合问题:来自 AwesomeMath 夏季课程	即将出版		963
113 个几何不等式:来自 AwesomeMath 夏季课程	即将出版		964
114 个指数和对数问题:来自 AwesomeMath 夏季课程	即将出版		965
115 个三角问题:来自 AwesomeMath 夏季课程	即将出版		966
116 个代数不等式:来自 AwesomeMath 全年课程	即将出版		967
紫色慧星国际数学竞赛试题	2019—02	58.00	999
澳大利亚中学数学竞赛试题及解答(初级卷)1978~1984	2019—02	28.00	1002
澳大利亚中学数学竞赛试题及解答(初级卷)1985~1991	2019—02	28.00	1003
澳大利亚中学数学竞赛试题及解答(初级卷)1992~1998	2019—02	28.00	1004
澳大利亚中学数学竞赛试题及解答(初级卷)1999~2005	2019—02	28.00	1005
澳大利亚中学数学竞赛试题及解答(中级卷)1978~1984	即将出版		1006
澳大利亚中学数学竞赛试题及解答(中级卷)1985~1991	即将出版		1007
澳大利亚中学数学竞赛试题及解答(中级卷)1992~1998	即将出版		1008
澳大利亚中学数学竞赛试题及解答(中级卷)1999~2005	即将出版		1009
澳大利亚中学数学竞赛试题及解答(高级卷)1978~1984	即将出版		1010
澳大利亚中学数学竞赛试题及解答(高级卷)1985~1991	即将出版		1011
澳大利亚中学数学竞赛试题及解答(高级卷)1992~1998	即将出版		1012
澳大利亚中学数学竞赛试题及解答(高级卷)1999~2005	即将出版		1013

联系地址:哈尔滨市南岗区复华四道街 10 号　哈尔滨工业大学出版社刘培杰数学工作室
网　　址:http://lpj.hit.edu.cn/
邮　　编:150006
联系电话:0451－86281378　　13904613167
E-mail:lpj1378@163.com